화학원소 주기율표

번호	기호
원자량 한글이름	

1A	2A	3A	4A	5A	6A	7A		8		1B	2B	3B	4B	5B	6B	7B	8B
1 H 1.008 수소																	2 He 4.003 헬륨
3 Li 6.941 리튬	4 Be 9.012 베릴륨											5 B 10.81 붕소	6 C 12.01 탄소	7 N 14.01 질소	8 O 16.00 산소	9 F 19.00 플루오린	10 Ne 20.18 네온
11 Na 22.99 나트륨	12 Mg 24.31 마그네슘											13 Al 26.98 알루미늄	14 Si 28.09 규소	15 P 30.97 인	16 S 32.06 황	17 Cl 35.45 염소	18 Ar 39.95 아르곤
19 K 39.10 칼륨	20 Ca 40.08 칼슘	21 Sc 44.96 스칸듐	22 Ti 47.90 타이타늄	23 V 50.94 바나듐	24 Cr 52.00 크로뮴	25 Mn 54.94 망가니즈	26 Fe 55.85 철	27 Co 58.93 코발트	28 Ni 58.70 니켈	29 Cu 63.55 구리	30 Zn 65.38 아연	31 Ga 69.72 갈륨	32 Ge 72.59 저마늄	33 As 74.92 비소	34 Se 78.96 셀레늄	35 Br 79.90 브로민	36 Kr 83.80 크립톤
37 Rb 85.47 루비듐	38 Sr 87.62 스트론튬	39 Y 88.91 이트륨	40 Zr 91.22 지르코늄	41 Nb 92.91 나이오븀	42 Mo 95.94 몰리브데넘	43 Tc (98) 테크네튬	44 Ru 101.1 루테늄	45 Rh 102.9 로듐	46 Pd 106.4 팔라듐	47 Ag 107.9 은	48 Cd 112.4 카드뮴	49 In 114.8 인듐	50 Sn 118.7 주석	51 Sb 121.8 안티모니	52 Te 127.6 텔루륨	53 I 126.9 아이오딘	54 Xe 131.3 제논
55 Cs 132.9 세슘	56 Ba 137.3 바륨	57 La 138.9 란타넘	72 Hf 178.5 하프늄	73 Ta 180.9 탄탈럼	74 W 183.9 텅스텐	75 Re 186.2 레늄	76 Os 190.2 오스뮴	77 Ir 192.2 이리듐	78 Pt 195.1 백금	79 Au 197.0 금	80 Hg 200.6 수은	81 Ti 204.4 탈륨	82 Pb 207.2 납	83 Bi 209.0 비스무트	84 Po (209) 폴로늄	85 At (210) 아스타틴	86 Rn (222) 라돈
87 Fr (223) 프랑슘	88 Ra 226.0 라듐	89 Ac 227.0 악티늄															

A : 고체원소 A : 기체원소 A : 액체원소 A : 합성원소

란탄계열	58 Ce 140.1 세륨	59 Pr 140.9 프라세오디뮴	60 Nd 144.2 네오디뮴	61 PM (145) 프로메튬	62 Sm 150.4 사마륨	63 Eu 152.0 유로퓸	64 Gd 157.3 가돌리늄	65 Tb 158.9 터븀	66 Dy 162.5 디스프로슘	67 Ho 164.9 홀뮴	68 Er 167.3 어븀	69 Tm 168.9 톨륨	70 Yb 173.0 이터븀	71 Lu 175.0 루테튬
악티늄계열	90 Th 232.0 토륨	91 Pa 231.0 프로트악티늄	92 U 238.0 우라늄	93 Np (237.0) 넵투늄	94 Pu (244) 플루토늄	95 Am (243) 아메리슘	96 Cm (247) 퀴륨	97 Bk (247) 버클륨	98 Cf (251) 캘리포늄	99 Es (252) 아인슈타이늄	100 Fm (257) 페르뮴	101 Md (268) 멘델레븀	102 No (259) 노벨륨	103 Lw (260) 로렌슘

환경화학 및 실험

김미나·이승길

지우북스

머리말

최근 주요 사인으로 부상되는 악성 신생물, 손상 및 중독, 징후 및 불명확한 병태 그리고 유기용제 및 중금속으로 유발되는 중독 등은 환경요인과 관련 가능성이 크며 이는 질환으로 가속화되는 환경오염이 우리 인간의 건강과 생명을 날로 위협하고 있다는 것을 의미한다. 그로 인해 환경오염물질의 정확한 정량 · 정성 분석에 대한 중요성은 더욱 커졌으며, 특히 기초화학 및 화학분석의 이론 및 실무적인 지식은 더욱 의미가 있다고 할 수 있다.

저자는 환경공정시험법을 수행하기 위해 사전에 필수적으로 익혀야 하는 시약 제조 방법 등에 관하여 주석을 붙이고, 시험 시의 주의점 등을 경험에 기초하여 부연 설명하는 방식으로 본 교재를 작성하였다. 과학에 관한 사전 지식이 적은 학습자도 부담 없이 이 교재를 접하여 실험의 기본 및 기초 지식에 접근할 수 있도록 제작하였다. 이 교재는 환경을 전공하는 학생은 물론이고, 환경오염물질의 정량 · 정성적 분석에 관심이 높은 일반인에게도 활용하기 쉬운 필독서가 될 것이다.

신의 영역 다음으로 넓은 게 환경이다"라는 말로도 알 수 있듯이 환경의 범위는 광범위하다. 그러나 너무나 광범위하고 다양한 내용이기 때문에 이를 공부하는 학생들에게 많은 어려움이 있을 것으로 예상되어 저자의 경험을 살려 최대한 쉽게 이해할 수 있도록 정리하고자 하였다. 아무쪼록 이 책을 통하여 앞으로 우리나라의 환경분석 및 기초화학을 공부하는 학생들에게 조금이나마 도움이 되기를 바라며 뜻하는 바가 모두 이루어질 수 있기를 진심으로 기원한다.

끝으로 본서를 출간하는 데 협조해 주신 도서출판 지우북스 서철종 대표님과 집필을 도와주신 관계자분들께 깊은 감사를 표한다.

"그대의 가치는 그대가 품은 이상에 의해 결정된다.
도전은 인생을 흥미롭게 만들며, 도전의 극복이 인생을 의미 있게 한다."

김미나 · 이승길

목차

제 1 장 분석실험의 일반적 사항

1 실험실 안전의 이해(일반 사항)

1. 실험을 할 때는 언제나 실험의 목적과 방법을 충분히 이해하여 실험에 대한 자신감을 갖도록 한다. 화학 실험은 조심하지 않으면 정확한 결과를 얻지 못하거나 심각한 사고가 일어날 수 있다.
2. 실험을 시작하기 전에 필요한 기구와 시약이 준비되어 있는가를 확인한다.
3. 실험에 사용하는 기구와 시약의 정확한 명칭 및 특성을 충분히 파악하고, 안전한 사용법을 익혀 두도록 한다.
4. 반드시 시약의 종류를 확실하게 표시해 두는 습관을 익혀야 한다. 특히 공동으로 사용하는 시약병에 담긴 시약은 오염되지 않도록 조심해야 한다. 사용 후에 남은 시약을 공동으로 사용하는 시약병에 다시 넣어서는 안 되며, 전용으로 사용하는 피펫 이외의 기구를 공동 시약병에 넣어도 안 된다.
5. 실험을 하는 동안에 중요한 관찰 사항이나 측정값 또는 의문 사항은 즉시 실험 노트에 적어 두는 버릇을 익혀야 한다. 측정값을 이용한 계산의 모든 과정도 함께 적어 두어야 한다. 측정값을 아무 곳에나 적어 두었다가 실험이 끝난 후에 노트를 정리하는 것은 대단히 나쁜 버릇이다.
6. 실험을 마친 후에는 실험 노트에 적어 둔 관찰 사항을 바탕으로 "실험 보고서"를 작성한다. 실험 보고서에는 실험에서 얻은 결과에 대한 정확한 분석이 포함되어야 한다.

7. 실험하는 과정에서 생각난 의문 사항은 반드시 도서관의 참고 자료를 활용하여 해결하는 버릇이 필요하다.
8. 실험이 끝난 후에는 기구를 깨끗이 씻어서 원래의 자리에 정리해 두고, 남은 시약을 적절하게 처리해야 한다.
9. 실험실에서 큰 소리로 떠들거나 장난을 쳐서는 안 되며, 실험실에서 음식물을 먹거나 음료수를 마시는 것은 매우 위험하다.

2 실험실 안전 규칙

화학 실험실에서 실험을 수행할 때, 조심하지 않으면 자신은 물론 동료에게도 심각한 피해를 주는 사고가 일어날 수 있기 때문에 다음의 안전규칙 사항을 잘 기억해 두어야 한다.

1. 실험을 시작하기 전에 실험 내용에 대하여 충분히 알아 두어야 한다. 일부 화학실험은 매우 조심하지 않으면 폭발이나 화재 등으로 이어질 수 있기 때문에 사용하는 시약, 반응, 그리고 기구의 독성에 대하여 미리 알아 두어야 한다.
2. 비상구의 위치와 안전 장비의 위치와 사용법을 알아 두어야 한다. 사고가 일어날 경우에 실험실을 벗어나는 방법과 소화기, 소화담요, 샤워, 구급약 등의 위치와 사용법 등을 정확히 알아두어야 한다. 위급 상황이 발생하면 당황하지 말고, 사태를 정확히 파악한 후에 상식에 따라 행동하여야 한다. 모든 사고는 즉시 조교에게 알려야 한다.
3. 반드시 보안경을 착용해야 한다. 시약이나 유리파편이 눈에 튀면 치명적인 손상을 입을 수 있기 때문에 실험실에서는 언제나 화학 실험용 보안경을 착용해야 한다. 콘택트렌즈는 시약과 반응할 수 있으므로 안경을 착용한다. 눈에 시약이 들어갔을 경우는 우선 다량의 물로 씻어낸 후에 가까운 병원에서 치료를 받아야 한다.
4. 적절한 복장(실험복)을 착용해야 한다. 발등을 덮고 잘 미끄러지지 않는 신발을 신어야 한다. 실험복을 입는 것이 가장 바람직하다. 긴 머리도 사고의 원인이 될 수 있기 때문에 흘러내리지 않도록 해야 한다. 만약 시약이 옷이나 피부에 묻었을 경우는 우선 흐르는 물로 10분 이상 씻어낸 후에 조교의 지시를 받아야 한다.
5. 실험실에 있는 시약은 절대 맛을 보아서는 안 되며, 강한 냄새를 풍기는 시약의 냄새를 맡아야 하는 경우는 손으로 부채질을 하여 냄새를 맡아야 한다. 실험실은 언제나 통풍이 잘 되도록 해야 하며, 냄새가 심한 시약은 반드시 후드에서 취급한다.
6. 진한 산과 염기를 특히 조심하여 다루어야 한다. 진한 산과 염기를 섞으면 중화 반응에 의해 많은 열이 발생하기 때문에 위험하다. 물을 진한 산에 부어 넣으면 안 되고, 물을 저으면서 진한 산을 조금씩 섞어 주어야 한다.
7. 시약병에 붙어 있는 표식을 두 번 이상 확인하는 버릇이 필요하다. 시약병의 모양이 비슷한 것도 많고, 이름이 비슷하지만 전혀 다른 시약도 많다. 시약병이 표식에 인쇄된 위험 표식에 대해서도 주의를 기울여야 한다.
8. 뜨거운 유리 기구를 옮길 때에는 집게 또는 방열장갑을 사용한다. 유리는 가열하여도 색깔

이 변하지 않기 때문에 매우 조심해야 한다. 뜨거운 유리 기구는 반드시 집게를 사용하여 옮기도록 한다. 또는 방열장갑을 사용하면 편리하다.

9. 사용한 시약을 적절하게 처리한다. 실험에 사용한 시약을 하수구에 버리거나 쓰레기통에 마구 버리면 공해의 원인이 된다. 반드시 회수통에 모아서 적절히 처리할 수 있도록 하며 특히 진한 산이나 염기 또는 유기 용매를 하수구를 버리지 말아야 한다.

3 시약의 취급 방법

실험을 성공적으로 마치기 위해서는 순도가 높은 시약이 필요하다. 새 시약병에 담긴 시약은 순도가 확실하겠지만 이미 사용하던 시약병에 담긴 시약의 경우는 평소에 시약을 어떻게 사용하였는가에 따라서 그 순도가 결정된다. 시약병에 담긴 시약의 순도를 유지하기 위해서는 시약을 취급하는 방법을 잘 익혀 두어야 한다.

1. 필요한 시약의 양을 미리 확인하여 가장 작은 시약병을 사용해야 하며, 사용하기 전에 시약병의 표식과 유해·위험성 정보를 두 번 이상 확인해야 한다. 다른 학생들과 함께 사용하는 시약병을 자신의 실험대로 가져가서는 안 된다.
2. 시약을 꺼낸 후에는 반드시 시약병의 뚜껑을 닫아 두어야 한다.
3. 시약병의 뚜껑은 실험대 위에 놓지 말고 손가락으로 잡고 있어야 한다. 시약병의 뚜껑에 이물질이 묻으면 시약병의 시약을 모두 오염시킬 수 있다.
4. 사용하고 남은 시약은 절대 시약병에 다시 넣어서는 안 된다. 적은 양의 시약을 아끼려는 생각 때문에 시약병에 담긴 시약을 모두 못 쓰게 만들 수 있다.
5. 액체 시약이 담긴 시약병은 반드시 해당 시약용 전용 피펫을 사용한다. 필요한 양만큼의 시약을 비커에 덜어서 사용하고, 비커에 남은 시약은 회수통에 버려야 한다.
6. 시약병을 놓아두는 실험대와 저울 주변에 시약을 흘리지 않도록 조심하고, 언제나 깨끗하게 닦아 두어야 한다. 액체 시약병의 바깥에 흘러내린 시약도 깨끗하게 닦아내야 한다.
7. 고체 시약을 취급할 때는 언제나 깨끗하게 닦은 시약 주걱(spatula)을 사용해야 한다. 사용하는 시약의 양에 따라 적당한 크기의 시약 주걱을 선택해야 한다.
8. 액체 시약을 따라낼 때는 두 손으로 시약병을 안전하게 잡고, 시약병의 표시에 흘러내린 시약이 묻지 않도록 표식이 위로 향하도록 해야 한다.
9. 액체 시약을 따라 낼 때는 유리막대나 비커의 벽을 따라 액체가 흘러내리도록 해야 한다. 용액에 액체를 직접 떨어뜨리는 것은 매우 위험하다.

4 화학물질 명명법

4.1 무기화합물의 명명법

순수한 화합물이 몇 가지밖에 알려지지 않았던 옛날에는 새롭게 발견되는 물질에 대하여 발견자의 이름, 발견 장소 등을 이용하여 명명하였다. 하지만 수천만 종의 물질들이 알려진 지금 체계적으로 명명할 새로운 명명체계가 필요하게 되었다. 국제 순수 및 응용화학연맹(International Union of Pure and Applied Chemistry)은 1919년 설립된 비영리, 비정부 단체로, 국제적으로 표준화나 규제가 필요한 중요 사항에 대하여 연구·협의하고, 화학과 관련된 국제기구와 협력하며, 화학발전에 이바지하고 있는 단체로 학술어와 명명법을 통일하였는데 우리나라도 IUPAC의 명명법을 따라 화합물의 이름을 정하고 있다. 화합물을 명명할 때는 기본 원리를 아는 것이 중요하므로 무기화합물의 명명법부터 확인해 보기로 하자. 무기화합물은 크게 이온성 화합물과 분자성(공유성)화합물로 나눌 수 있다.

1. 이성분 이온결합 화합물의 명명

금속과 비금속이 결합한 이성분 이온결합화합물에 대한 분자식은 항상 금속을 비금속 앞에 쓴다. 따라서 염화나트륨에 대한 화학식은 NaCl로 쓴다. 하지만 이성분 이온성 화합물을 명명할 때에는 영문이름과 한글의 명명 순서가 다르다. 우리말로 명명할 때는 금속은 양이온으로, 비금속은 음이온으로 생각하고 음이온의 원소 이름 끝에 "~화"를 붙여 먼저 부르고 양이온을 마지막으로 부른다. 영어로 명명할 경우 양이온을 먼저 읽고 음이온의 어미에 "~ide"를 붙여 명명한다. 단, 음이온의 원소 이름이 "~소"로 끝나는 경우는 "소"를 생략할 수 있다. 그러나 수소는 반드시 "수소"로 쓴다. 전이금속은 주족(전형)원소와는 달리 2개 이상의 전하를 가질 수 있으므로 이런 단순한 명명 체계가 적용되지 않는다. 전이금속의 양이온 전하가 다를 경우 양이온의 양전하 세기를 괄호 안에 로마숫자로 써서 양이온 이름 뒤에 나타내준다. 관용적으로는 어미를 변화시켜 낮은 산화수의 경우 "~ous"로, 높은 산화수의 경우 "~ic"로 표기하고, 우리말로는 낮은 산화수를 갖는 금속명 앞에 "제일", 높은 산화수를 갖는 경우는 금속명 앞에 "제이"라고 부른다.

2. 이성분 공유결합 화합물의 명명

이성분 공유결합 화합물도 이성분 이온결합화합물과 같은 방법으로 명명한다. 다만 이성분 공유결합 화합물은 2개의 비금속원소가 결합하므로 분자식에 얼마나 많은 원소가 포함되는지 나타내기 위해서 이름에 그리스 접두사(mono, di, tri 등)를 삽입할 필요가 있다. 공유결합 화합물의 원소 두 개 모두 비금속이기 때문에 화학식을 나타낼 때에는 전기 음성도가 작은 원소를 금속인 것처럼 취급하여 먼저 쓰고, 전기음성도가 큰 원소는 나중에 나타낸다. 명명할 때에는 뒤에 쓴 원소의 이름에 접미사 "~화"를 그 이름에 붙이고, 전기음성도가 작은 원소의 이름은 그대로 붙인다.

3. 다원자 이온들의 명명법

여러 개의 원자가 결합하더라도 전하를 가질 수 있는데 이들을 다원자 이온이라 부른다. 이들의 이름, 화학식과 전하 등은 외워두는 것이 좋다. 산소 원자를 포함한 다원자 이온을 산소산 음이온이라 부르며, 영어로 명명할 때 음이온 어미를 "~ate"로 고치고, 우리말로 명명할 경우는 음이온 뒤에 "~산"을 붙인다. 또한 비금속 원자에 결합된 산소 원자의 수에 따라 여러 가지 이온으로 존재할 수 있는데 2가지가 있다면 산소의 수가 적은 것은 "아~산", 산소의 수가 많은 것은 그대로 붙인다. 영어로 명명할 때 음이온 어미를 "~ite"로 고치고 양이온은 그대로 쓴다. 2개 이상의 산소산 음이온이 존재할 때는 산소 원자의 수가 가장 작은 것의 음이온에 "하이포아~산", "hypo ~ite"를 사용한다. 또한 가장 산소의 수가 많은 것에는 "과~산", per ~ate"을 사용한다.

표 1.1 다원자 이온들의 명명법

이온식	이온명		이온식	이온명	
NH_4^+	암모늄	ammonium	IO_3^-	요오드산이온	idodate
CH_3COO^-	아세트산	acetate	MnO_4^-	과망간산	permanganate
CN^-	시안산	cyanide	PO_4^{3-}	인산	phosphate
NO_2^-	아질산	nitrite	ClO^-	하이포아염소산	hypochlorite
NO_3^-	질산	nitrate	ClO_2^-	아염소산	chlorite
CO_3^{2-}	탄산	carbonate	ClO_3^-	염소산	chlorate
HCO_3^-	탄화수소(중탄산)	bicarbonate	ClO_4^-	과염소산	perchlorate
SO_3^{2-}	아황산	sulfite	CrO_4^{2-}	크롬산	chomate
SO_4^{2-}	황산	sulfate	$Cr_2O_7^{2-}$	중크롬산	dichromate

4. 산의 명명법

수소를 포함하는 2가지 원소로 된 화합물을 수소산이라고 하는데, 수용액에서 산으로 작용하는 경우 그 수용액은 화합물 이름 끝에 ”~산“을 붙인다. 그러나 이들이 물에 녹지 않았을 때 산성을 나타내지 않는 화합물의 규칙에 따라서 명명한다. 만일 산이 1개 이상의 산소를 포함하면 이를 산소산이라 부르며 명명법은 다원자 이온의 명명법과 같다.

4.2 유기화합물의 명명법

현재 사용하고 있는 유기화합물의 명명법은 일부 관용명을 사용하지만 주로 화합물의 구조에 기초한 이름을 사용하여 구조에 대한 정보를 준다. 전기적으로 양성과 음성을 가진 원자 또는 원자단이 결합한 염과 같은 구조를 갖는 경우를 제외한 대부분의 유기화합물의 이름은 하나의 단어로 표시된다. IUPAC에서 명며하는 화합물의 이름은 일반적으로 접두사, 모체, 접미사의 세 부분으로 나눌 수 있다. 접두사는 모체 화합물의 수소원자를 대치한 원자 혹은 원자단을 말하는 치환체를 표시하며, 모체 구조는 주사슬 혹은 주고리계를 의미한다. 마지막으로 접미사는 화합물의 부류를 의미하는 주원자단을 표시한다. 그러나 여러 개의 특성기가 존재하는 경우 가장 우선권이 높은 특성기가 주원자단이 되고 나머지는 특성기는 치환체로서 접두사에 사용된다.

표 1.2 접두사와 접미사로 사용되는 특성기

종류	식	접두사	접미사
카르복실산(Carboxylic acid)	-COOH	카복시(carboxy)	-카복실산(-carboxylic acid)
에스터(ester)	-COOR	R옥시카보닐	-카복실산 R(R-carboxylate)
나이트릴(nitrile)	-CN	사이아노	나이트릴(-nitrile)
알데하이드(aldehyde)	-CHO	폼일(formyl) 옥소(Oxo-)	-카브알데하이드(carbaldehyde) -알(al)
케톤(ketone)	-CO-	옥소(Oxo-)	-온(-one)
알코올(alcohol)	-OH	하이드록시(Hydeoxy-)	-올(-ol)
싸이올(thiol)	-SH	머캅토(mercapto)	-싸이올(-thiol)
아민(amine)	$-NH_2$	아미노(amino)	-아민(-amine)

4.2.1 비고리형(acyclic, 사슬형) 탄화수소의 명명법

1. 알케인(Alkane)

알케인은 탄소-탄소와 탄소-수소 결합이 단일결합만으로 이루어진 포화 탄화수소로 파라핀계 탄화수소(paraffins)라고도 한다. 탄소는 네 개의 공유결합수를 가지고 수소는 한 개의 공유결합수만을 가짐으로써 탄소가 1개인 알케인은 수소가 4개인 하나의 구조(CH_4)가 가능하고, 탄소 2개와 수소 6개로 된 알케인은 한 개의 구조(C_2H_6), 그리고 탄소 3개와 수소 8개의 결합으로 가능한 알케인도 오직 하나의 구조(C_3H_8)만이 가능함을 알 수 있다. 탄소 4개와 수소 10개의 단일결합으로 만든 알케인 분자는 C_4H_{10}으로 두 개의 가능한 구조를 그릴 수 있으며, 탄소 4개가 일렬로 된 구조와 가지가 달린 구조가 있다. 알케인의 일반식은 $C_nH_{2n+2}(n \geq 1)$이다.

규칙 1. 곧은 사슬 알케인은 탄소수에 따라 다음 접두어 뒤에 접미어 '-ane'을 붙여 명명한다.

표 1.3 알케인 명명의 접두어

탄소수	접두어	탄소수	접두어	탄소수	접두어	탄소수	접두어
1	met-	6	hex-	11	undec-	20	icos-
2	eth-	7	hept-	12	dodec-	21	henicos-
3	prop-	8	oct-	13	tridec-	22	docos-
4	but-	9	non-	14	tetradec-	23	tricos-
5	pent-	10	dec-	15	pentadec-	30	triacont-

한글명은 접두어 뒤에 접미어 '-에인(-ane)'을 붙여 명명한다. 그러나 널리 사용되고 있는 C_1 ~ C_8의 methane부터 octane까지의 경우에는 당분간 '-ane'를 '-안'으로 적는 것을 허용한다. 즉, '메탄, 에탄, 프로판, 부탄, 펜탄, 헥산, 헵탄, 옥탄'이름의 병용을 허용한다.

규칙 2. 가지 달린 사슬 알케인은 가장 긴 사슬을 기본명으로 하고, 가지의 위치가 작은 번호가 되도록 탄소 원자에 아라비아 숫자를 붙인다. 이 때 가지가 달린 탄소 원자의 결합위치를 나타내는 숫자와 치환기의 이름 사이에 하이픈(-)을 사용하여 기본명 앞에 붙여서 명명한다.

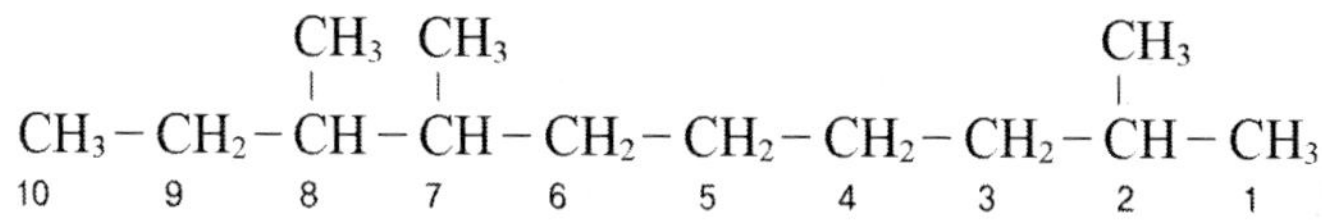

2,7,8-트라이메틸데케인 2,7,8-trimethyldecane
3,4,9-트라이메틸데케인이 아님

규칙 3. 두 개 이상의 동일한 치환기가 주사슬에 연결되어 있으면 치환기의 결합위치 - 수 - 치환기명을 기본명 앞에 붙여 명명한다. 동일 탄소에 두 개의 치환기가 붙어 있으면 같은 번호를 두 번 겹쳐 부여한다. 2개 이상의 동일한 치환체는 다이(di-), 트라이(tri-), 테트라(tetra-) 등의 접두어를 알킬기명 앞에 붙이고, 숫자와 숫자 사이에 쉼표를 넣고 숫자와 문자 사이에는 하이픈(-)을 사용하여 치환기와 기본명은 붙여 쓴다.

다음 보기에서 메틸과 프로필 치환체는 각각 m과 p의 첫문자를 가지기 때문에 알파벳 순서로 메틸-프로필이 된다. 다음 각 치환체의 위치 번호는 낮은 번호로 매긴다. 즉, 처음 나타나는 치환체의 위치가 왼쪽에서 번호를 시작하면 5, 오른쪽에서 시작하면 4가 되어, 번호가 작은 4가 되도록 아라비아 숫자를 붙인다. 위의 내용을 정리해서 예시물질을 명명하면 5-메틸-6-프로필노네인이 아니라 5-메틸-4-프로필노네인이 된다.

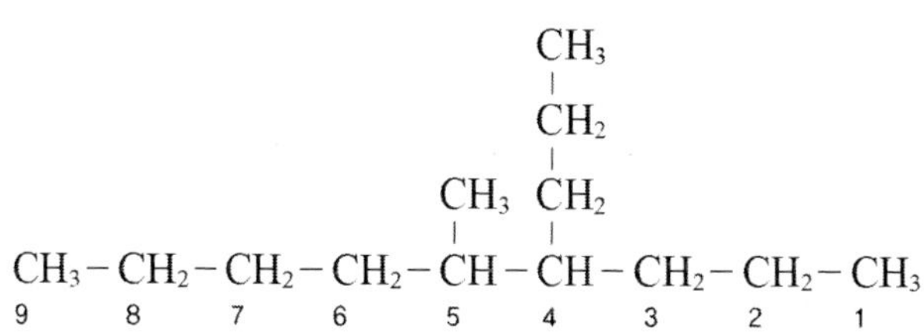

5-메틸-4-프로필노네인
5-methyl-4-propylnonnane

규칙 4. 알케인에서 치환기로 할로겐 원소들이 결합되어 있는 화합물을 할로알케인(haloalkane)이라 한다. 할로겐 원소가 치환기로 사용되었을 경우의 할로겐기 이름은 할로겐 원소 이름의 어미 '-ine'대신에 '-o'로 바꾼다. 즉, F(fluorine)은 '플루오로(fluoro-)'로 명명한다.

표 1.4 치환명에서 접두사로 사용하는 특성기

특성기	접두사		특성기	접두사	
-Br	브로모	bromo	$-N_3$	아지도	azido
-Cl	클로로	chloro	-NO	나이트로소	nitroso
-F	플루오로	fluoro	$-NO_2$	나이트로	nitro
-I	아이오도	iodo	-OR	(R)-옥시	(R)-oxy
$=N_2$	다이아조	diazo	-SR	(R)-설판일	(R)-sulfanyl

2. 알킬기(Alkyl) 명명법

알케인에서 수소가 하나 제거되어 남아 있는 부분적인 원자단을 알킬기(alkyl group)라고 하고 보통 R로 표기한다. 알킬기의 명명은 알케인의 어미 '-에인(-ane)' 대신에 '-일(-yl)'을 붙여 명명한다. 탄소 원자의 번호는 '-'가 붙은 탄소가 작은 번호가 되도록 하여 숫자를 부여한다.

표 1.5 알킬기의 계통명

탄소수	알케인	이름	알킬기	이름
1	CH_4	methane	CH_3-	methyl
2	C_2H_6	ethane	C_2H_5-	ethyl
3	C_3H_8	propane	C_3H_7-	propyl
4	C_4H_{10}	butane	C_4H_9-	buthyl

3. 불포화탄화수소

탄소-탄소 결합이 이중결합(double bond) 혹은 삼중결합(triple bond)을 하나 이상 가진 탄화수소를 불포화 탄화수소(unsaturated hydrocarbon)라 한다.

알켄(alkene)은 탄소-탄소 결합이 이중결합을 이루고 있는 불포화 탄화수소로 올레핀(olefin) 혹은 에틸렌계 탄화수소라고도 한다. 일반식은 C_nH_{2n}(n=정수, n≥2)이다. 알카인(alkyne)은 탄소-탄소 결합이 삼중결합을 가진 불포화탄화수소로 아세틸렌계 탄화수소라고도 한다. 일반식은 C_nH_{2n-2}(n=정수, n≥2)이다.

알켄과 알카인의 명명법은 알케인과 유사하며 알케인에 상응하는 포화탄화수소의 접미사 '-ane(-에인)' 대신에 '-ene(-엔)' 혹은 '-yne(-아인)으로 바꾸어 명명한다.

규칙 1. 알켄은 이중결합을 포함한 가장 긴 사슬에 알케인의 접미사 '-ane(-에인)' 대신에 '-ene(-엔)'을 사용하여 명명한다. 이중 결합이 붙은 탄소 원자에 작은 번호가 되도록 번호를 붙인다. 이 때 이중결합 위치를 나타내는 번호를 접미사 -ene 앞에 놓는다.

$$\overset{6}{C}H_3-\overset{5}{C}H_2-\overset{4}{C}H_2-\overset{3}{C}H=\overset{2}{C}H-\overset{1}{C}H_3$$

헥스-2-엔(hex-2-ene) (1993년 규약) PIN
2-헥센 (2-hexene) (1997년 규약)

$$H_3C-CH_2-CH_2\equiv C-CH_3$$

펜트-1-아인(Pent-1-yne)

규칙 2. 가지가 달린 사슬 알켄인 경우 이중결합을 포함한 가장 긴 탄소 사슬을 기본명으로 하고, 이중결합의 탄소가 작은 번호가 되게 번호를 부여한다. 만일 양쪽에서 같은 거리에 이중결합이 있으면 치환기가 붙은 탄소 원자의 번호가 최소가 되게 한다.

규칙 3. 두 개 이상의 이중결합이 있으면 그 위치를 나타내는 번호를 접미사 -diene, -triene 앞에 놓아 명명한다. 이 때 기본명의 접두사 뒤에 'a'를 넣는다. 번호는 첫 번째 이중결합의 탄소 원자가 작은 번호가 되도록 한다.

규칙 4. 화합물 내에 이중결합과 삼중결합을 동시에 가지고 있는 경우에는 '-en-yne'의 형태로 명명한다. 이 때 다중 결합을 가진 탄소가 작은 번호가 되도록 번호를 붙여서 명명한다. 이중결합과 삼중결합이 사슬 끝으로부터 같은 거리에 있으면 이중결합에 더 낮은 번호를 부여한다.

$$\underset{1}{\overset{5}{H_3C}}-\underset{2}{\overset{4}{CH}}=\underset{3}{\overset{3}{CH}}-\underset{4}{\overset{2}{C}}\equiv\underset{5}{\overset{1}{CH}}$$

펜트-3-엔-1-아인(Pent-3-en-1-yne)
펜트-2-엔-4-아인이 아님

$$HC\equiv C-CH_2-CH=CH_2$$

펜트-1-엔-4-아인(Pent-3-en-4-yne)
펜트-4-엔-1-아인이 아님

4. 사이클로알케인

사이클로알케인(cycloalkane)은 세 개 이상의 탄소가 고리(ring)로 결합된 포화 탄화수소이다. 사이클로알케인은 $-CH_2$-고리로 이루어져 있으므로 일반식은 $C_nH_{2n}(n \geq 3)$이다. 사이클로알케인의 명명은 열린 사슬 알케인의 명명법 규칙과 비슷하다.

규칙 1. 알케인명에 접두어 'cyclo-(사이클로－)'를 붙여서 부른다.

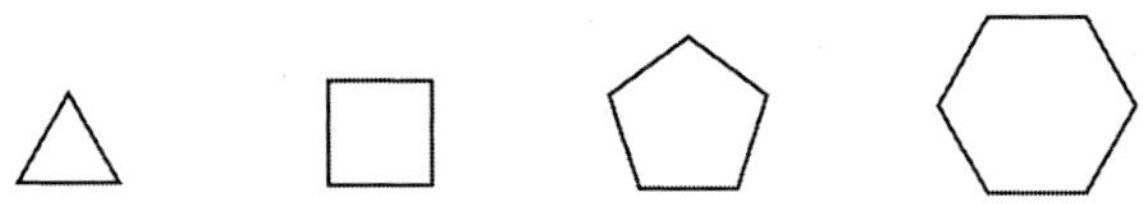

Cyclopropane Cyclobutane Cyclopentane Cyclohexane

규칙 2. 치환기가 한 개 있는 사이클로알케인은 사이클로알케인을 기본명으로 하고 치환기의 이름을 앞에 붙여 명명한다. 이 때 치환기 앞에 번호 1은 붙이지 않는다.

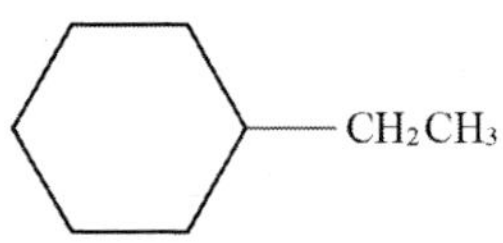

Ethyl**cyclohexane**

규칙 3. 사이클로알케인의 고리의 탄소 원자의 수가 치환기의 탄소의 수보다 적은 경우에는 그 화합물은 알케인을 기본명으로 하고, 고리는 사이클로알킬기의 치환기로 간주하여 명명한다.

규칙 4. 치환기가 두 개 이상 존재하면 치환기가 달린 고리에 있는 탄소들의 번호가 작은 번호가 되도록 고리를 돌아가면서 번호를 붙인다. 치환기의 순서는 번호순이 아니라 알파벳 순으로 배열하고, 마지막 치환기 이름과 기본명은 붙여서 쓴다.

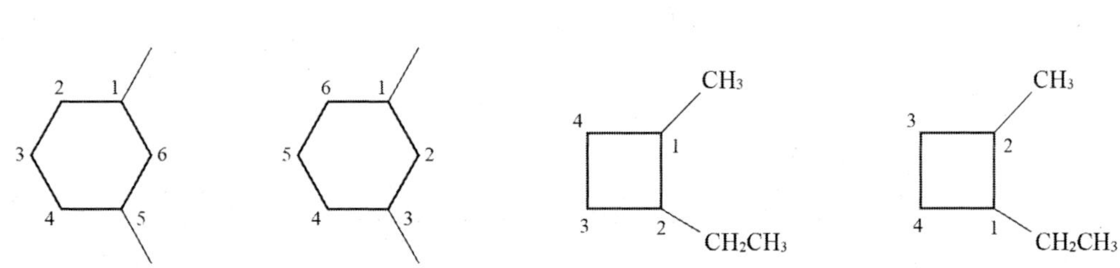

1,5-methylcyclohexane (×) 1,3-methylcyclohexane (○) 1-Methyl-2-ethylcyclobutane (×) 1-Ethyl-2-methylcyclobutane (○)

4.2.2 방향족 화합물의 명명법

벤젠고리를 가지고 있는 탄화수소를 방향족 화합물(aromatic compound)이라 하고 방향족탄화수소라고도 한다. 방향족 화합물은 명명법이 체계화되기 이전에 널리 사용되었기 때문에 관용명과 IUPAC명이 함께 사용되고 있다. 메틸벤젠은 톨루엔, 하이드록시벤젠은 페놀, 아미노벤젠은 아닐린, 바이닐벤젠은 스타이렌, 메톡시벤젠은 아니솔 등으로 부른다.

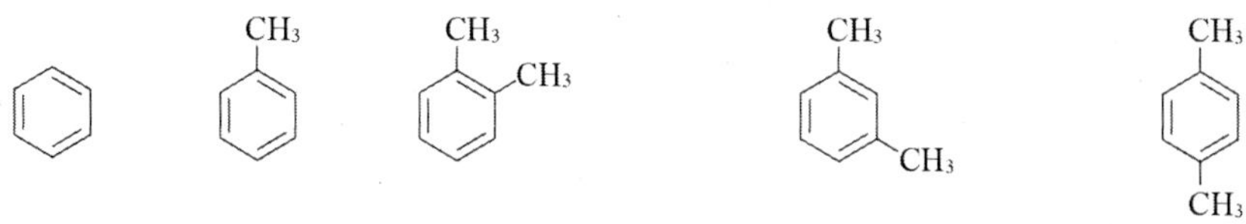

벤젠	톨루엔	*o*-자일렌	*m*-자일렌	*p*-자일렌
Benezene	Toluene	*o*-Xylene	*m*-Xylene	*p*-Xylene
		1,2-Dimethylbenezene	1,3-Dimethylbenezene	1,4-Dimethylbenezene

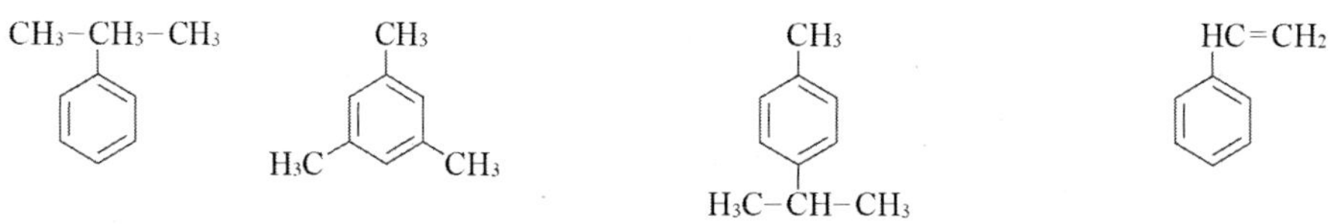

큐멘	메시틸렌	*p*-사이멘	스타이렌
Cumene	Mesitylene	*p*-Cymene	Styrene
	1,3,5-Trimethylbenzene	1-Isopolymoly-4-methylbenezene	Ethylbenezene

벤젠 유도체의 명명은 다음과 같다.

규칙 1. 벤젠의 일치환체들은 벤젠(benzene)앞에 치환기의 이름을 붙여서 명명한다.

클로로벤젠	나이트로벤젠
Chlorobenzene	Nitrobenzene

규칙 2. 벤젠의 이치환체는 치환된 위치에 따라 관용명으로 1,2-위치는 오쏘(ortho-, o-), 1,3-위치는 메타(meta-, m-), 1,4-위치는 파라(para-, p-)라는 접두어를 사용하여 명명한다.

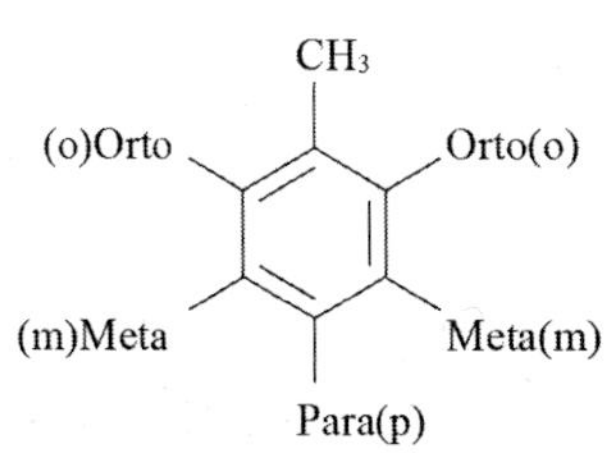

규칙 3. 벤젠의 삼치환체 이상은 관용명으로 부를 수 있는 것은 다른 치환기에 우선하여 모체명으로 하고 치환기 이름을 모체명 앞에 붙여서 명명한다. 번호는 모체명인 관용명 접점탄소를 1번으로 하고 나머지 치환기의 번호가 가능한 낮은 번호가 되도록 벤젠 고리에 번호를 부여한다. 이름은 알파벳 순서로 치환기를 나열하여 모체명 앞에 붙여서 명명한다.

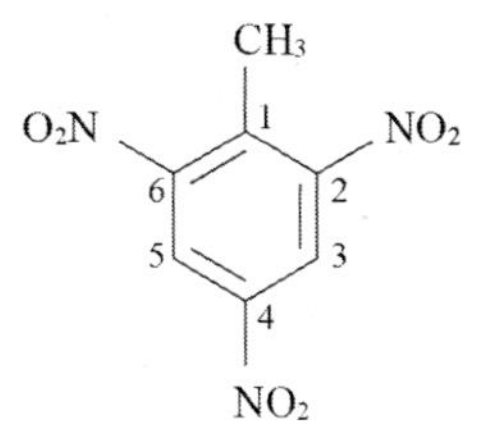

2,4,6-트리니트로톨루엔
2,4,6-trinitrotoluene(TNT)

방향족 화합물을 아렌(arene)이라 하는데, 아렌에서 수소가 하나 이상 제거된 치환기를 아릴기(aryl group)라 하고 Ar로 표시한다. 방향족기는 페닐기(phenyl group, Ph-), 벤질기(benzyl group)가 많이 사용된다.

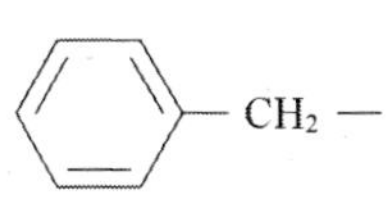

벤질
Benzyl

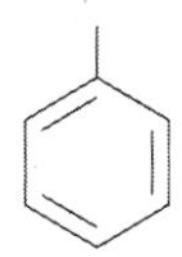

페닐
Pheny

4.2.3 알코올, 페놀, 에터 및 싸이올류

알코올(alcohol)은 H-OH에서 H 한 개가 알킬기로 치환된 화합물로 일반식은 R-OH이다. 알코올의 작용기는 −OH로 하이드록시기(hydroxy group)라 한다.

규칙 1. 알코올의 계통명은 하이드속시(hydroxy-)원자단인 −OH기를 가진 제일 긴 탄소사슬을 모체로 선택하고, 알케인(alkane), 알켄(alkene), 알카인(alkyne)의 어미 '-e' 대신 '-ol'을 붙인다. 두 개의 모음이 겹칠 때에는 e를 생략한다.

H_3C-CH_2OH

주원자단 OH에 대한 접미사 : -올(-ol)
CH_3-CH_3에 대한 모체 이름 : 에테인(Ethane)
완성된 이름 : 에탄올(Ethanol)

※ 기-기능식 명명법은 화합물의 기능부류명(functional class name)을 한 독립된 낱말로 표시하고 화합물의 나머지 부분의 이름을 또 하나의 낱말로 표시한다. 유의할 점은 기와 기능부류명 사이를 띄어 써야 한다.

H_3C-CH_2OH

특성원자단, OH :	알코올	Alcohol(기능부류명)
기, CH_3CH_2 :	에틸	Ethyl
완성된 이름 :	에틸 알코올	Ethyl alcohol

규칙 2. 필요하면 작용기의 위치표시는 -OH기가 붙어 있는 탄소가 최소의 번호가 되도록 붙이고, 번호는 -ol 앞에 놓아 명명한다.

$CH_3CH_2CH_2OH$

Propan-1-ol
프로판-1-올

규칙 3. 작용기와 치환기가 함께 있다면 작용기인 -OH기가 작은 번호가 되게 한다. 모든 치환기의 위치에 번호를 매기고 알파벳 순으로 치환기를 나열하여 기본명 알코올 앞에 붙여 명명한다. 고리화합물에서는 -OH 작용기의 위치가 항상 1번이기 때문에 작용기의 위치를 나타내기 위해 번호가 필요하지 않다.

$$\begin{array}{l} CH_3\underset{|}{C}HCH_2OH \\ \quad CH_3 \end{array}$$

2-methylpropan-1-ol
(2-메틸프로판-1-올)

규칙 4. OH기가 둘 이상인 화합물은 -OH기의 위치 표시와 OH 개수를 나타내는 di, tri 등을 '-ol'앞에 붙여 다이올(diol), 트라이올(triol) 등으로 명명하고, -OH의 위치를 나타내는 번호는 -diol, triol 바로 앞에 놓는다.

$$\overset{3}{H_3C}-\overset{2}{\underset{\displaystyle |\atop OH}{CH}}-\overset{1}{CH_2OH}$$

propane-1,2-diol
(프로페인-1,2-다이올)

※ 관용명은 OH기가 둘 이상인 알코올은 탄화수소 이름 뒤에 글라이콜(glycol)을 붙인다.

규칙 5. 불포화 탄화수소를 포함한 알코올에서는 불포화 탄소 원자와 -OH기를 포함하는 가장 긴 탄소사슬을 모체로 하여 접미사 '-enol'을 붙여 명명한다. -OH기가 붙은 탄소의 위치를 표시하는 숫자는 '-ol'의 바로 앞에 놓고 또한 불포화탄소를 나타내는 숫자는 '-en' 바로 앞에 놓는다. 탄소사슬의 번호는 다중결합의 탄소가 작은 번호가 되게 붙이는 것이 아니라 -OH가 붙은 탄소가 작은 번호가 되게 한다. 이때 '-en'에서 '-ene'가 아닌 것에 유의한다.

$$\overset{5}{H_2C}=\overset{4}{CH}-\overset{3}{CH_2}-\overset{2}{CH_2}-\overset{1}{CH_2OH}$$

모체 이름 : 펜테인(pentane)을 펜텐(pentene)으로 바꿈(불포화 결합)
완성된 이름 : 4-펜텐-1-올(4-Pentene-1-올)

4.2.4 페놀

페놀(phenol)은 방향족 화합물의 고리에 -OH가 결합된 화합물로 일반식은 Ar-OH이다.

규칙 1. 페놀과 그 유도체의 이름을 사용하거나 관용명으로 명명한다.

규칙 2. 한 분자 내에 하이드록시시가 카복실기(-COOH), 알데하이드기(-CHO) 등의 작용기와 같이 있을 때는 -OH기를 치환체를 취급하여 명명한다.

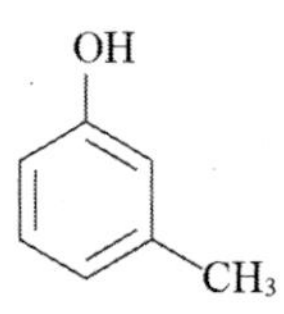

m-Methylphenol

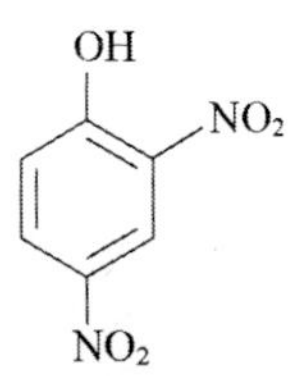

2,4-dinitropphenol

4.2.5 에터

에터(ether)는 산소 원자 한 개에 두 개의 알킬 치환체가 결합된 화합물로 일반식은 R-O-R'로 표기한다. 여기서 R은 알킬기 혹은 아릴기에 해당하며 같은 유기기일 수도 있고 다를 수도 있다.

규칙 1. 에터의 관용명은 알킬기 또는 아릴기의 이름을 알파벳 순으로 쓰고 에터를 뒤에 붙여 명명한다.

$CH_3-CH_2-\mathbf{O}-CH_2-CH_3$

다이에틸 에터
Diethy ether

규칙 2. 복잡한 에터 화합물은 IUPAC 명명법을 따른다. 한 개 이상의 알콕시기(alkoxy, -OR)가 있거나 명명 우선순위가 큰 작용기가 있는 경우에는 알콕시기를 치환기로 명명하는데, 이 때 모체 알케인으로 가장 긴 탄소 사슬명을 쓰고 앞에 알콕시기의 이름을 붙인다.

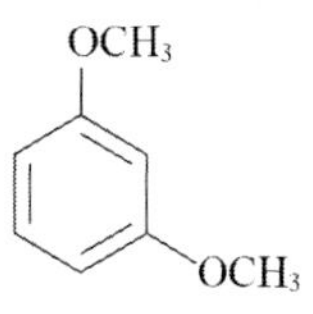

1.3-dimethoxybenzene

산소 원자를 포함하는 삼원자 고리형 에터는 에폭시화합물(epoxide)이라고 한다. 에폭시화합물은 C-O-C가 삼각고리를 형성한다. 에폭시화합물의 IUPAC 명명은 알케인의 에폭시(epoxy) 유도체로서 명명한다. 즉, 알케인명 앞에 접두어 '에폭시(epoxy)'를 붙여서 명명하고 산소고리의 위치를 나타내는 숫자를 되도록 작은 번호가 되게 하여 명명한다. 관용명은 알켄의 관용명 뒤에 '옥사이드(oxide)'를 붙여서 부른다. 한글명은 '산화'뒤에 알켄의 관용명을 붙여서 명명한다. 옥시레인(oxirane)이라고 부르기도 한다.

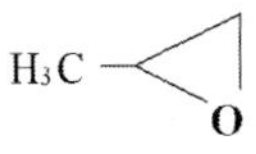

1,2-에폭시프로페인	1,2-Epoxypropane
산화 프로펜	Propene oxide
메틸옥시레인	Methyloxirane

4.2.6 싸이올

알코올의 산소가 황(S)으로 치환된 화합물은 싸이올(thiol)이라 하고 R-SH로 나타낸다. 명명법은 알코올과 유사하며 알코올의 접미어 -올(-ol) 대신에 -싸이올(-thiol)을 붙여서 명명한다. 번호를 붙일 때는 -SH기를 포함하고 있는 탄소의 위치에 낮은 번호가 되게 하고 -thiol 앞에 번호를 붙인다. 관용명은 머캅탄(mercaptane)이라고도 하며, 알킬기 이름 뒤에 머캅탄을 붙여서 명명한다.

CH_3CHSH

Ethanethiol
(ethyl mercaptan)

4.2.7 황화물(설파이드)

황화물(sulfide)의 관용명은 에터와 유사하다. 즉, 알킬기 또는 아릴기의 유기기를 알파벳순으로 쓰고 설파이드(sulfide)를 뒤에 붙인다. 복잡한 화합물에 대해서는 IUPAC명으로 가장 긴 탄소사슬을 모체명으로 하고 RS-를 알킬설파닐기(alkylsulfanyl group)로 보고 명명한다.

$H_3C-S-CH_3$

Dimethyl sulfide

4.2.8 카복실산의 명명법

카복실산의 접미사는 경우에 따라 -카복실 산(-carboxylic acid), -산(-oic acid)로 사용되며 접두사인 경우는 카복시-(carboxy-)로 사용한다.

$CH_3-CH_2-CH_2-CH_2-COOH$

펜탄산
Pentanoic acid

일반적으로 허용되는 관용명은 다음과 같다.

CH_3COOH	$CH_2{=}CHCOOH$	$HOOC{-}CH_2{-}COOH$	$HOOC{-}CH_2{-}CH_2{-}COOH$	C_6H_5COOH
아세트산 Acetic acid	아크릴산 Acrylic acid	말론산 Malonic acid	석신산 Succinic acid	벤조산 Benzoic acid

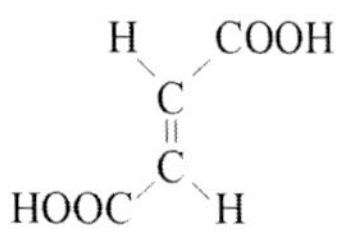
퓨마르산
Fumaric acid

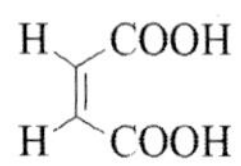
말레산
Maleic acid

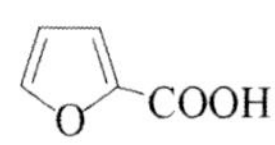
2-퓨로산
2-Furoic acid

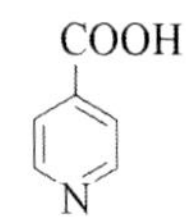
아이소니코틴산
Isonicotinic acid

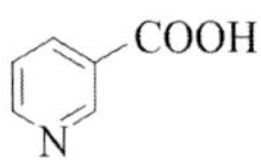
니코틴산
Nicotinic acid

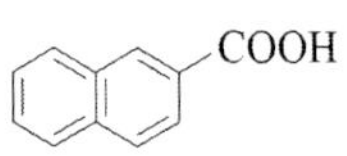
2-나프토산
2-Naphthoic acid

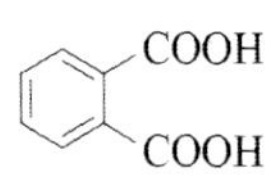
프탈산
Phthalic acid

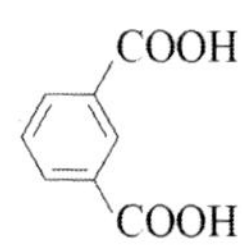
아이소프탈산
Isophthalic acid

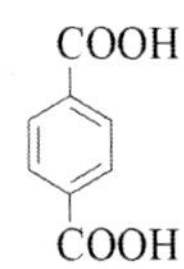
테레프탈산
Terephthalic acid

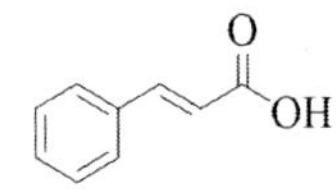
신남산
Cinnamic acid

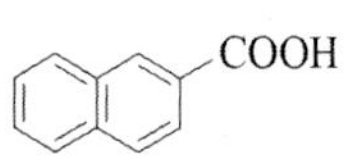
2-나프토산
2-Naphthoic acid

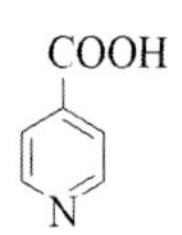
아이소니코틴산
Isonicotinic acid

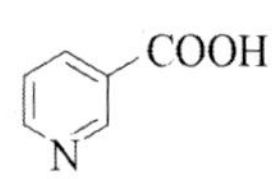
니코틴산
Nicotinic acid

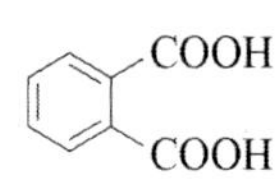
프탈산
Phthalic acid

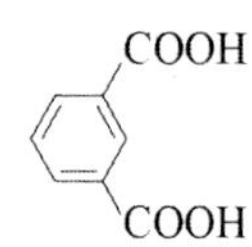
아이소프탈산
Isophthalic acid

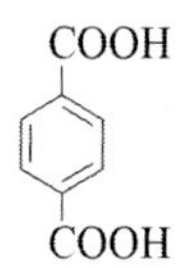
테레프탈산
Terephthalic acid

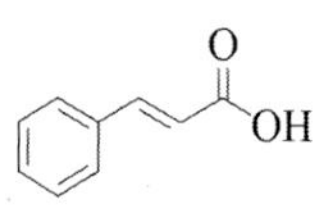
신남산
Cinnamic acid

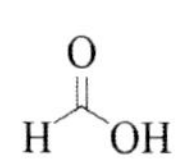
폼산
Formic acid

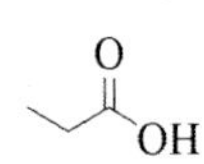
프로피온산
Propionic acid

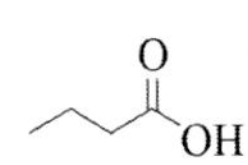
뷰티르산
Butyric acid

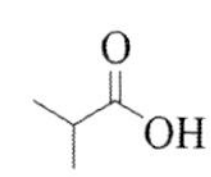
아이소뷰티르산
Isobutyric acid

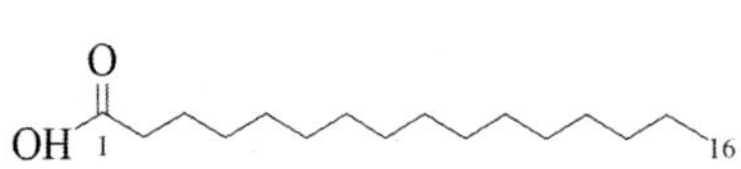
팔미트산
Palmitic acid

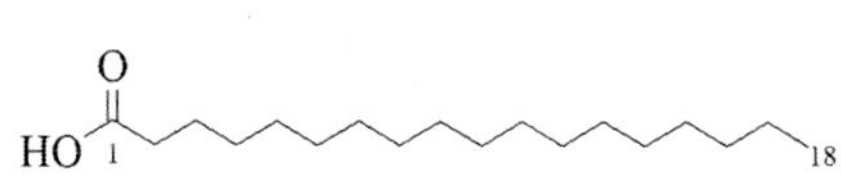
스테아르산
Stearic acid

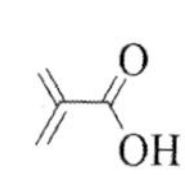
메타크릴산
Methacrylic acid

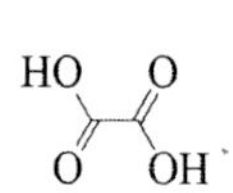
옥살산
Oxalic Acid

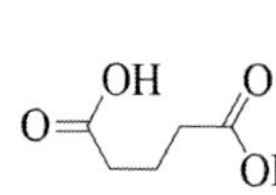
글루타르산
Glutaric acid

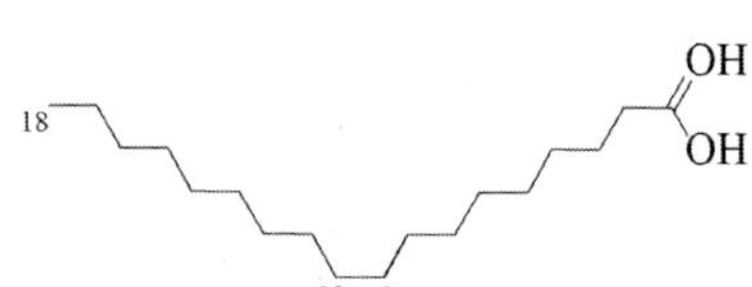
올레산
Oleic acid

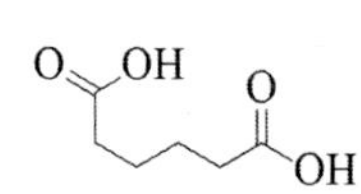
아디프산
Adipic acid

4.2.9 에스터

에스터는 산소에 결합된 알킬기의 이름을 먼저 부르고 해당하는 카복실산의 -ic acid를 -ate로 바꾸어 부른다. 한글명은 '-산 알킬'로 부른다.

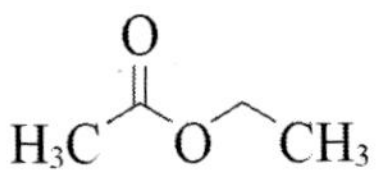

에틸 아세테이트
(아세트산 에틸)
Ethy acetate

5 주요 실험기구 사용 방법

5.1 저울 사용법

화학 실험에서 시료의 질량을 측정하는 데는 저울을 사용한다. 저울은 그 정밀도에 따라 다양한 종류가 존재한다. 정밀도가 비교적 낮은 어림 저울은 0.01 g 또는 0.001 g까지 측정할 수 있고, 화학 저울은 0.0001 g까지 측정할 수 있도록 제작되어 있다.

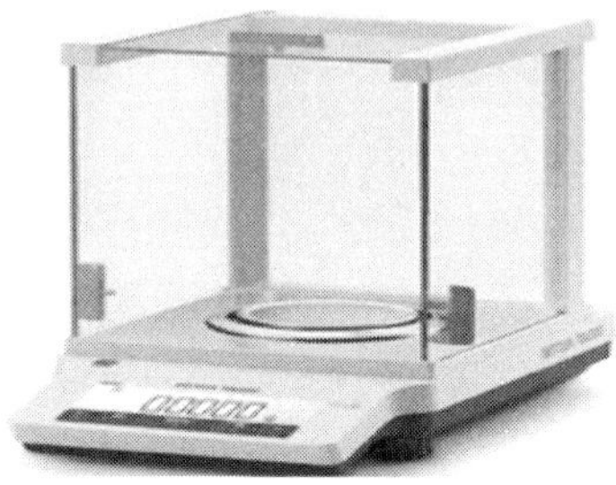

저울

저울은 정밀 측정 장치이기 때문에 정확한 사용법을 알고 깨끗하게 사용해야 한다. 저울의 사용법은 제작사에 따라 조금씩 다르기 때문에 저울을 처음 사용하기 전에 반드시 사용법을 주의해서 읽어 두어야 한다. 저울은 진동이 없는 실험대 위에 항상 수평이 유지되도록 놓아두어야 하고, 각자의 실험대로 옮겨서는 안 된다. 화학약품은 유산지 또는 플라스틱 시료 접시에 담아서 무게를 측정하여야 하며, 직접 저울에 시약을 올려놓으면 안 된다. 저울의 접시에 시약이 떨어지지 않도록 조심해야 하고, 만약 물이나 시약이 묻었을 경우는 즉시 깨끗하게 닦아내야 한다. 수산화나트륨 등과 같은 시약은 저울에 흘리게 되면 공기 중의 수분을 흡수하여 용해하게 되고, 부식성이 강하므로 저울을 손상시키는 원인이 된다. 시료가 건조 등으로 인해 뜨거운 상태에서는 무게를 측정해서는 안 되며, 데시케이터 내에서 냉각시킨 후 측정하여야 한다.

특히 화학 저울은 대단히 정밀한 장치이기 때문에 특별히 조심해서 취급해야 한다. 시료를 접시에 얹거나 내릴 때만 저울의 문을 열어야 한다. 접시에 시료를 얹거나 내릴 때와 저울추를 바꾸는 다이얼을 돌릴 때는 손잡이를 돌려서 저울대가 받침대에 올려져 있도록 해야 한다.

일반적인 화학저울 사용법은 ① 비커를 올려놓을 수 있는지 등으로 저울의 사용범위를 확인한다. ② 약포지를 올려놓은 후 0점 조절 버튼을 눌러 0점을 맞춘다. 약포지는 매끄러운 쪽이 안쪽이 되도록 대각선 방향으로 한 번 접고 펼쳐서 다른 대각선 방향으로 역시 매끄러운 쪽이 안쪽이 되도록 한 번 더 접어서 약품을 담았을 때 약포지 밖으로 흐르지 않도록 한다. ③ 약품병을 왼손에, 약수저를 오른손에 잡고 저울 위에서 필요량을 덜어낸 후 수치가 움직이지 않을 때까지 기다린다. 시약을 덜어낼 때 저울 주위에 약품을 흘리지 않도록 주의해야 하며 저울을 향해서 바람을 일으키지 않아야 한다. ④ 저울의 수치가 멈추면 눈금을 확인하고 읽는다.

5.2 액체의 부피 측정 방법

액체의 부피를 측정할 때는 눈금실린더, 뷰렛, 피펫 또는 부피 측정용 플라스크를 사용한다. 비커나 플라스크에 새겨진 눈금은 정확하지 않기 때문에 어림 측정을 할 때만 사용해야 한다. 부피를 측정하는 유리 기구를 가열하면 유리가 팽창해서 정확한 측정이 불가능하기 때문에 절대 가열해서는 안 된다.

부피를 측정하는 유리 기구는 먼저 비눗물이나 세척액을 이용해서 세척 솔로 깨끗하게 씻은 후에 증류수로 여러 번 헹군 다음 완전히 건조시켜 사용하는 것이 좋다. 시간이 없을 경우는 증류수로 헹군 다음에 다시 사용하려는 액체로 몇 번 더 헹구어 사용한다. 유리 기구가 깨끗하지 않으면 유리벽에 묻은 액체가 균일하게 흘러내리지 않고, 부피 측정도 정확하지 않게 된다. 액체를 바꿀 경우는 반드시 유리 기구를 다시 세척해야 한다.

유리 기구의 눈금을 읽기 전에 유리벽에 묻은 액체가 모두 흘러내리도록 충분히 기다려야 하고, 눈금이 새겨진 부분이 기울지 않았는지 확인한다. 유리 기구를 사용할 때 특히 수용액이 담긴 경우 물과 유리의 부착력으로 인해 액체의 가장자리가 유리 기구의 벽을 따라 조금 올라간 모양을 하고 있다. 그 결과 수용액의 액면은 위에서 보면 오목한 모양이 된다. 유리기구 밖에서 보면 실제의 액체 높이보다 조금 높은 위치에 용액의 끝선이 보이게 되므로 실제 담긴 액체의 높이와 다른 값을 읽을 수 있으므로 주의한다. 유리 기구 바깥에서 보아 두껍게 보이는 액면 중 아랫면에 맞추어 눈금을 읽어야 한다. 수은의 경우는 유리와 떨어지려는 성질이 있어 메니스커스의 모양이 물과는 반대로 볼록한 모양을 갖게 된다.

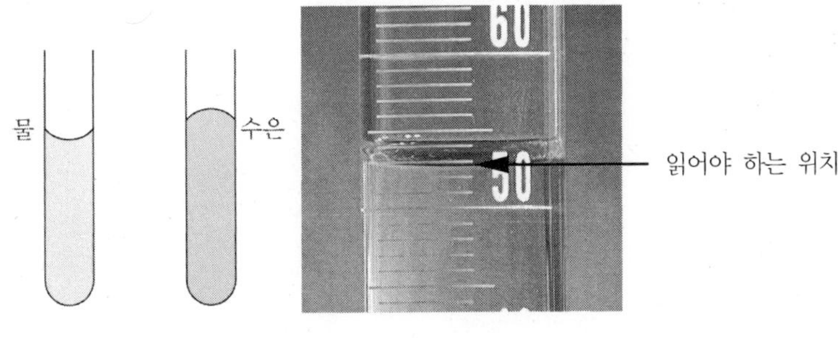

그러나 플라스틱으로 된 눈금실린더와 같이 플라스틱 기구를 사용하면 극성인 물과 무극성인 플라스틱 사이에서 부착력이 작용하지 않으므로 용액 면 전체가 평평하게 나타난다. 눈금을 읽을 때는 눈의 높이가 액체의 메니스커스와 같이 되도록 하고, 메니스커스의 바닥 부분에 해당하는 위치에 해당하는 눈금을 읽어야 한다. 유리 기구의 가장 작은 눈금을 10등분 해서 읽는다.

즉, 1 mL 간격으로 눈금이 새겨진 유리 기구의 경우는 0.1 mL까지 읽어야 한다. 부피를 측정하는 유리 기구는 실험에 필요한 정밀도와 사용 목적에 알맞은 것을 선택해서 사용해야 한다.

모든 부피 측정용 기구에 다 써 있는 것은 아니지만 TC 또는 TD가 적혀 있는 경우가 있다. TC는 To Contain의 약자로서 '담긴 양을 측정하는 기구'의 의미를 가지고 있으며, 눈금실린더, 눈금플라스크 등에 주로 쓰여 있다. TD는 To Deliver의 약자로서 '옮기는 양을 측정하는 기구'의 의미이다. 이 경우는 옮기는 동안 기구의 기벽에 묻어 남는 양을 고려하여 눈금이 매겨져 있음을 의미하고 피펫, 뷰렛 등에 쓰여 있다.

5.2.1 눈금 실린더

메스실린더(Measuring cylinder, Graduated cylinder)라고도 하며, 액체의 부피를 어림으로 측정하는 경우는 사용하는 것으로 측정하고자 하는 액체의 부피에 적당한 크기의 눈금 실린더를 사용해야 한다. 용량은 다양하며 유리 표면에 mL 단위로 눈금이 새겨져 있다. 너무 크거나 작은 눈금 실린더를 사용하면 정확한 측정이 어렵다. 액체를 채우고 메니스커스 읽는 법에 따라 눈금을 읽어 부피를 측정한다. 뷰렛이나 피펫에 비해 정확도는 떨어진다.

5.2.2 뷰렛

적정 실험에서 주로 사용되며, 소모된 액체 시료의 양을 정확하게 측정하기 편리하도록 위에서부터 눈금이 새겨져 있다. 액체의 부피를 측정한 다음 일정한 양의 시료를 따라낸 후에 다시 눈금을 읽어서 그 차이로부터 따라낸 액체의 부피를 알아낸다.

뷰렛의 최대눈금보다 조금 더 액체를 담고 콕을 열어 콕 아랫부분에 남아 있는 공기를 밀어낸 후 콕을 잠근다. 뷰렛을 사용하기 전에 콕이 빠져서 옆으로 액체가 새어 나오지 않는지 확인하고, 샐 경우는 헐거워진 부위를 잘 조여주거나 그리스 등을 도포하는 등 적절히 조치한 후 사용하여야 한다. 뷰렛에 액체를 넣을 때는 반드시 깔대기를 사용해야 한다. 뷰렛의 콕은 왼손으로 감아쥐고 손가락의 끝부분으로 콕의 끝부분을 안쪽으로 밀면서 돌려야 한다.

뷰렛의 콕은 잠근 상태로 하고, 적정용 시약을 뷰렛에 약 1/10 정도 채운 다음 주입구를 실험용 필름 등을 이용하여 밀봉한다. 채워진 적정용 시약으로 뷰렛 내면이 완전히 도포되도록 내벽을 씻은 다음 콕을 열어서 뷰렛 배출구를 통하여 배출시킨다.

뷰렛에 적정용 시약을 채운다. 시약을 채울 때에는 깔때기를 사용하며, 깔대기를 손으로 들어서 약간 틈을 벌려 주어야 뷰렛 내에 있었던 공기가 배출되기 용이하여 주입하던 액체가 뷰렛 외부로 분출되는 것을 방지할 수 있다.

뷰렛에 눈금을 맞추기 전에 콕과 뷰렛 배출구 사이에 기포가 없는지 확인한 후 기포가 있는 경우는 콕을 완전히 열어서 액을 세차게 유출시켜서 기포를 제거한다. 콕의 개폐 조작은 왼손의 엄지, 인지, 중지의 3개를 사용하여 콕을 손바닥 안쪽으로 살짝 당기는 느낌을 주면서 조작하도록 한다. 이때 오른손은 적정용 삼각플라스크를 가볍게 잡고 흔들어 주면서 색깔의 변화를 관찰한다.

삼각플라스크 내의 시료의 색깔 변화를 관찰하기 용이하게 하기 위해서는 바닥에 흰색 종이를 깔아 두는 것이 좋다. 적정이 끝난 후 배출구 끝단에 한 방울의 시약이 매달려 있는 경우는 삼각플라스크 벽면에 붙여서 떼어내도록 한다. 한편, 뷰렛 눈금을 읽을 때, 뷰렛 뒷면에 백지를 대면 읽기가 쉽다. 다른 유리 기구도 마찬가지이지만 뷰렛은 사용 후 즉시 세척해야 한다. 그렇지 않으면 콕 부분에 물질이 말라붙어 콕이 움직이지 않게 되는 경우가 있어 심한 경우는 뷰렛을 폐기해야 한다. 요즘은 유리 콕보다 테플론 콕을 많이 이용한다.

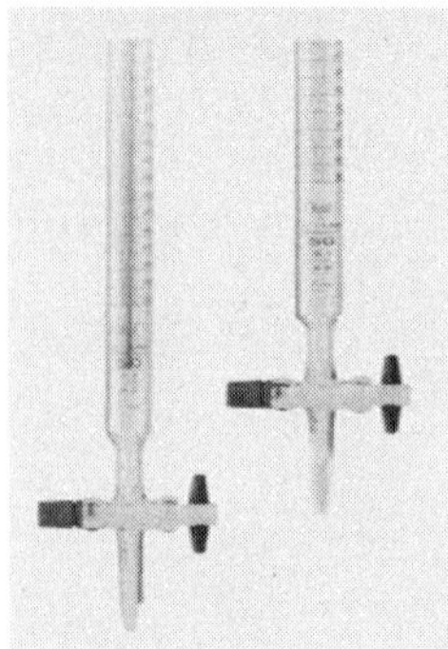

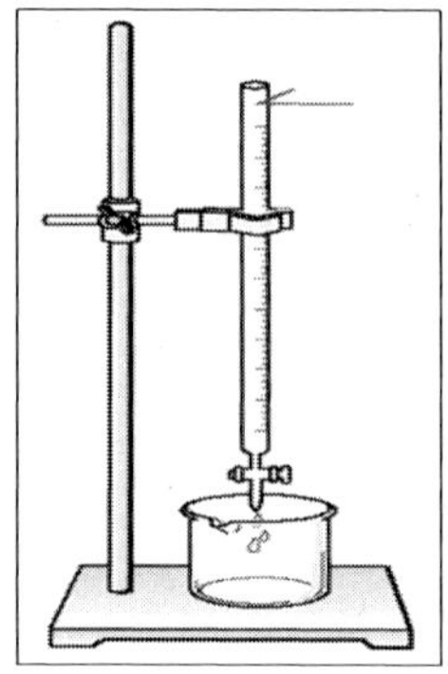

5.2.3 피펫

일정한 양의 액체를 정확하게 취하기 위해서 사용하는 유리 기구이다. 옮기는 용도로 사용되기 때문에 TD라고 쓰여 있는 경우가 많다. 피펫에는 일정한 양만 취할 수 있도록 만들어진 홀 피펫과 뷰렛과 같이 눈금이 새겨진 눈금 피펫이 있다. 홀 피펫(Volumetric pipet) 정해진 일정한 양(1 mL, 5 mL, 10 mL, 20 mL 등)의 액체를 옮길 때 사용하고, 눈금피펫(Mohr pipet) 눈금이 그려져 있어서 정해진 일정한 양이 아닌 다양하게 원하는 대로 액체의 양을 측정하여 옮길 때 사용한다.

피펫을 사용할 때는 피펫 필러를 사용하고, 입으로 액체를 빨아올리지 말아야 한다. 피펫 필러를 피펫에 끼울 때에는 끝부분을 잡고 가볍게 끼워 고정하여야 한다. 피펫 몸 중간을 잡고 무리한 힘을 가하여 끼우려 하는 경우 피펫이 부러지게 되면, 손에 큰 부상을 입을 수 있으므로 주의하여야 한다.

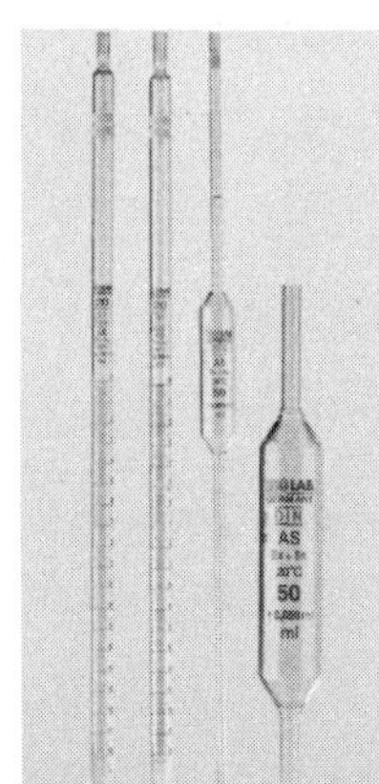

피펫의 끝을 비커의 바닥 부분까지 넣은 다음에 고무 벌브의 끝을 피펫에 가볍게 대어서 액체가 눈금의 위까지 올라오도록 한 후에, 재빨리 벌브를 떼어내고 오른손 둘째 손가락으로 피펫의 구멍을 막아서 액체가 흘러내리지 않도록 한다. 오른손 첫째와 셋째 손가락을 이용해서 피펫을 좌우로 돌리면 액체가 조금씩 흘러나온다. 먼저 원하는 눈금에 메니스커스를 맞춘 후에 반응 그릇으로 옮겨서 원하는 양의 시약을 취한다. 피펫에 액체를 넣은 채로 실험실을 돌아다녀서는 안 된다. 따라서 피펫으로 용액을 분취할 때는 반드시 옮길 용기를 옆에 두고 분취 즉시 옮길 용기에 옮겨야 하며, 이동할 때는 항상 피펫은 비어있는 상태이어야 한다.

홀 피펫의 경우는 액체가 모두 흘러내린 다음에 피펫의 구멍을 막고 왼손으로 피펫의 중앙 부분을 가볍게 쥐어서 피펫의 끝에 남아 있는 액체를 떨어뜨려야만 정확한 부피의 시료를 취할 수 있다. 피펫을 입으로 불거나 털어서는 안 된다. 피펫의 끝을 용기의 벽에 닫게 하여 피펫의 끝에 묻어 있는 액체도 용기로 옮겨야 한다. 최근에 많이 보급되고 있는 자동 피펫은 그 사용법이 매우 간단할 뿐만 아니라 정밀도도 높은 장점이 있다. 피펫은 플라스크나 비커에 꽂아놓지 않도록 한다. 넘어질 위험이 있으며 이때 용액까지 쏟아질 수 있다.

5.2.4 피펫 필러의 종류 및 사용법

(1) 스포이드식(둥근 모양, 피펫 필러)

- 피펫에 피펫 필러를 끼운다. 피펫 필러를 피펫에 끼울 때는 끝부분을 잡고 가볍게 장착하여야 한다. 이때 삽입된 피펫의 끝부분이 필러의 E 부분 높이 이상에 위치하도록 과도하게 끼워지면 필러 조작이 불가능하므로 주의하도록 한다. 피펫에 끼워진 후 피펫 필러는 엄지, 검지, 중지의 세 손가락으로 조작하며, 무명지와 약지는 피펫을 잡는 데 사용한다.
- A를 누른 채로 구를 눌러 구의 공기를 뺀다.
- 피펫 끝을 옮기고자 하는 액체에 담그고 S를 누르면 액체가 피펫 안쪽으로 올라온다. 이때 용액에 잠겨진 피펫의 끝부분이 액의 표면 위로 올라오게 되면 공기가 유입되면서 흡인한 액체가 피펫 필러 안으로 유입되어 필러가 오염되므로 피펫의 끝부분이 항상 액의 표면 밑에 잠겨있도록 주의하여야 한다.
- 피펫을 옮길 용기에 위치시킨 후 E를 누르면 액체는 다시 내려간다.
- S와 E를 적당히 누르면서 조절하여 원하는 양을 피펫에 채운다.
- 액체를 옮겨 담을 용기에 피펫을 넣고 E를 눌러 액체를 따라낸다.
- 마지막 피펫 배출구 끝부분에 남아 있는 미량의 액은 검지를 이용하여 E 옆의 공기 유입구를 막은 채 검지 끝으로 가볍게 눌러 빼낸다.

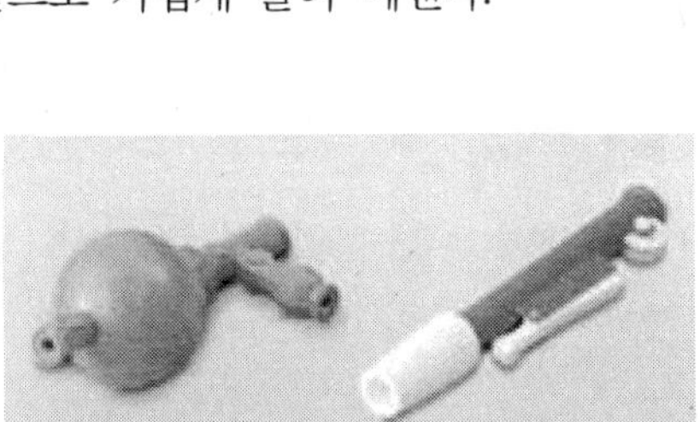

(2) 슬라이드식(막대 모양, 피펫 펌프)

- 피스톤이 완전히 들어가 있는지 확인한다.
- 피펫을 피펫 펌프에 끼운다.
- 다이얼을 돌려 피스톤이 위쪽으로 빠지도록 하면 액체가 피펫 안쪽으로 올라온다. 이때 피펫의 끝부분이 액의 표면 위로 들리게 되면 공기가 유입되므로 피펫의 끝부분이 항상 액의 표면 밑에 잠겨있도록 주의한다.
- 다이얼을 돌려서 피스톤을 위아래로 움직여 피펫에 들어가는 액체의 양을 조절한다.
- 액체를 옮겨 담을 용기에 피펫을 넣고 옆에 있는 흰 막대 부분을 눌러서 액체를 따라낸다.

※ 스포이드와 피펫, 그리고 뷰렛의 차이

피펫은 실험실에서 사용하는 스포이드와 비슷하다. 생긴 것도 눈금이 있다는 것 외에는 그렇게 큰 차이가 없다. 다만 사용법이나 정밀도 등에서는 절대적으로 차이가 난다. 사용 목적은 정확한 양을 넣을 때 사용하는 것이다. 즉 플라스크에 액체 10 mL를 정확하게 넣어야 할 때 사용하는 것으로 피펫의 눈금을 보며 정확히 10 mL를 취해 플라스크에 옮기는 방식이다. 정밀도로 따지면 일반적인 실험에서는 최고의 정밀도를 가진다. 뷰렛은 중화 적정 등에 사용되는 것을 용액을 정확히 얼마나 첨가해야 하는지 모를 때 그 양을 찾기 위한 도구이다. 생긴 것은 피펫과 비슷하지만, 피펫이 정확한 양을 취한 뒤 옮기는 것과는 대조적으로 임의의 양에서 정확한 양을 찾는 실험 도구이다.

5.2.5 부피 측정용 플라스크

매스플라스크(Measuring flask)라고도 한다. 일정한 양의 액체를 정확하게 취할 수 있도록 눈금이 새겨진 플라스크로, 흔히 일정한 농도의 용액을 만들 때 사용한다.

먼저 용질의 양을 정확하게 측정해서 플라스크에 넣은 후에 용매를 눈금까지 채운다. 메니스커스를 정확하게 맞추기 위해서 드롭퍼('스포이드'라고도 함)를 사용해도 좋다. 플라스크의 마개를 막은 다음에 잘 흔들어서 균일한 용액이 되도록 한다. 고체 시약 분말을 부피플라스크에 직접 넣을 때에는 부피플라스크의 입구가 좁기 때문에 시약의 일부를 흘릴 수가 있으며, 조해성이 있는 시약의 경우는 용기 입구 주변에 붙어서 주입하기 곤란한 경우가 있다. 때문에 고체 용질을 사용할 경우는 용매를 적당히 넣어서 용질을 완전히 녹인 다음에 용매을 눈금까지 채워야 한다.

부피 측정용 플라스크는 일정한 온도에서 사용해야만 정확한 부피를 측정할 수 있기 때문에 플라스크를 가열해서는 안 된다. 만약 고체 용질이 잘 녹지 않아서 가열해야 할 경우는 비커에 용질을 넣고 최소한의 용매를 넣은 후에 적당히 가열하면서 용질을 녹인다. 비커의 용액을 플라스크에 옮기고 난 후에 용매로 비커를 여러 차례 세척하여 그 용액도 플라스크에 함께 넣어 주어야만 정확한 농도의 용액을 만들 수 있다.

용액을 표선에 맞춘 후 마개나 필름으로 입구를 밀봉한 다음 용기를 두 손으로 잡고 흔들어서 용질이 완전히 녹을 때까지 섞어 준다.

5.3 샬레

유리로 만든 납작한 원통형 용기로, 주로 세균을 배양하는 데 쓰인다. R.J. 페트리가 고안하였으므로 페트리 접시 또는 페트리 샬레라고도 한다. 유리로 만든 뚜껑과 쌍으로 되어 있다. 크기는 여러 가지가 있으나, 지름 10 cm, 깊이 18 mm의 것을 널리 사용한다. 한천(寒天), 젤라틴 등으로 배지를 만들어 이것에 세균을 배양하는 평판배양에도 사용하고, 세균학·생물학·의학에도 사용하는 등 그 용도가 매우 넓다.

5.4 깔때기

나팔꽃 모양으로 된, 밑에 구멍이 뚫린 기구로 윗부분은 폭이 넓고 아랫부분은 폭이 좁다. 한 용기에서 다른 용기로 물질을 옮길 때 주로 쓰인다. 주둥이에 해당하는 윗부분은 폭이 넓고 아랫부분은 폭이 좁다. 따라서 폭이 넓은 주둥이에는 물질을 넣기 편하고, 폭이 좁은 아랫부분은 깔때기에 담겨 있는 물질을 다른 용기에 옮기기 편하다. 이렇게 깔때기는 그 생김새 덕분에 주변에 흘리지 않고 수월하게 물질을 옮길 수 있어 액체나 날알 등을 옮길 때 많이 사용된다. 작은

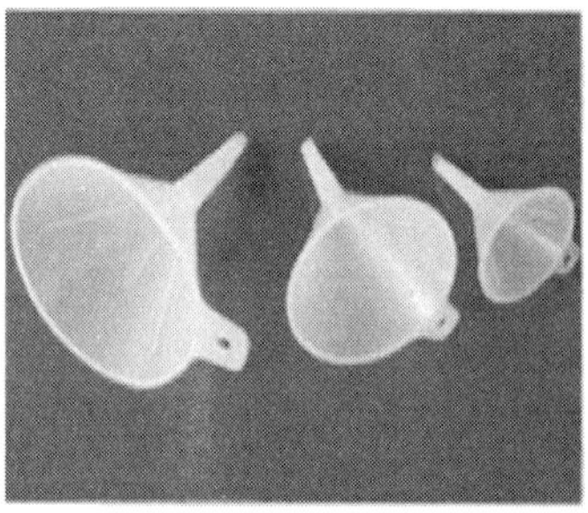

것은 과학 실험용으로 많이 쓰이며, 큰 것은 유류나 곡식을 옮겨 부을 때 쓴다. 금속 · 유리 · 플라스틱 · 함석 등으로 만든다. 과학 실험에 자주 쓰이는 깔때기는 아랫부분이 비스듬하게 잘려있어 끝이 뾰족한 것이 많은데 이 부분을 비커 벽에 대고 액체 물질을 흘려보내면 주변으로 액체가 튀는 것을 막을 수 있고 자연스럽게 흘러내려 보낼 수 있기 때문이다.

5.5 삼각플라스크

바닥이 편평하고 넓은 원뿔 모양의 플라스크로, 독일의 유기화학자 에를렌 마이어가 1866년에 고안하여 에를렌 마이어라고 부르기도 한다. 보통 유리를 이용해 만들어지며, 옆에서 본 몸체의 모양이 삼각형을 이루고 있어 삼각플라스크라 한다. 삼각플라스크는 가장 많이 쓰이고 있는 플라스크의 하나로 둥근바닥플라스크와 달리 밑바닥이 넓고 평평하여 세워놓기에 안정적이고 편리하다. 또 윗부분으로 갈수록 폭이 좁아지고 목부분의 폭도 좁기 때문에 안에 넣은 액체가 바깥으로 튀는 일이 거의 없다는 장점이 있다. 예를 들어, 산을 염기로 적정한다고 생각하자. 뷰렛에 염기를, 비커에 산을 넣고 뷰렛으로부터 비커 속으로 염기가 한 방울씩 떨어지게 장치하면, 비커 속의 액체가 밖으로 튈 염려가 있다. 비커는 용기의 폭이 일정하며 매우 넓기 때문이다. 그렇지만 삼각플라스크를 사용하면 목 부분의 폭이 좁아 액체가 튀더라도 플라스크의 벽에 걸려 밖으로 나가지 못하고 삼각플라스크의 빗면을 따라 다시 용액 속으로 흘러 내려가게 된다.

삼각플라스크는 1 mL에서부터 5 L에 이르기까지 크기가 매우 다양하며 주로 50~2000 mL 들이의 플라스크가 많이 사용된다. 그렇지만 플라스크 벽면의 두께가 일정하지 않고 둥근바닥플라스크에 비해 열전달이 고르지 않다. 그래서 플라스크 속의 액체를 가열하는 경우는 열이 고르게 전달되는 둥근바닥플라스크를 더 많이 사용한다.

5.6 비커

실험실 기초 저장 용기로서 주로 화학 반응을 하기 위한 액체 또는 용액을 넣어 각종 반응,

가열, 냉각, 방치, 교반 등 일반 화학 조작에 널리 쓰인다. 일반적으로 원기둥 모양이며 바닥이 평평하고 위에는 물질을 부을 수 있는 주둥이가 있다. 액체는 비커 벽을 따라 흘러내리도록 기울여 붓고, 고체 물질을 넣을 때는 비커의 안쪽 벽을 가볍게 미끄러지도록 넣는다. 목적, 용도에 따라 여러 가지가 있는데, 작게는 1~3 mL 정도의 마이크로 비커에서, 크게는 5 L 정도까지 있다. 비커에 일정한 간격으로 눈금이 표시되어 있어 간혹 액체의 부피를 재는 데 사용되기도 하나 비커에 새겨진 눈금은 정확하지 않기 때문에 어림 측정을 할 때만 사용하여야 한다.

5.7 교반기

용액을 만들 때 잘 섞어 주는 역할과 온도를 일정하게 올려주는 데 사용된다. 사용할 때는 마그네틱 바를 같이 사용하면 용해시키는 시간이 줄어든다. 조절 콕이 두 개가 있는데 하나는 젓는 속도를 조절하고 다른 하나는 온도를 조절하는 데 사용된다.

5.8 약숟가락

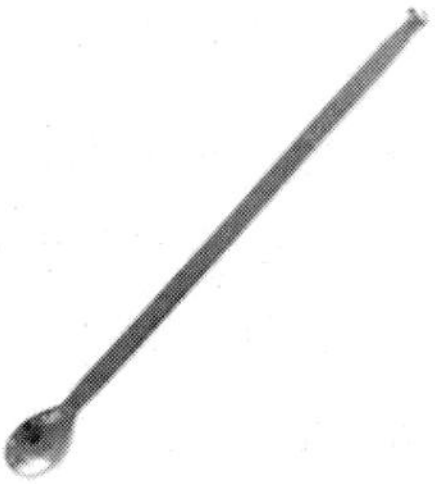

가루 약품을 다른 곳에 옮길 때 사용하는 숟가락을 말한다. 사용 전 탈지면이나 화장지로 깨끗이 닦아 사용하고 한 번에 많은 양을 옮기려 하지 않고 조금씩 떠서 옮긴다. 일단 떠낸 약품은 남더라도 남아 있는 시약이 오염될 수 있기 때문에 시약병에 다시 넣지 않아야 한다. 약숟가락은 여러 가지 시약에 동시에 사용할 수 없다. 한 가지 약품을 덜어낸 숟가락으로 다른 약품을 덜어내고자 할 때는 깨끗이 씻어내고 사용하거나 다른 숟가락을 사용하여야 한다. 또한 약품을 덜어내어 액체에 넣은 뒤 숟가락으로 액체를 젓지 않아야 한다.

6 보고서 작성법

1. Title(제목) : 주마다 정해진 실험 제목
2. Date(일자) : 실험하는 날짜 예) 0000년 00월 00일 (0요일) 0교시
3. Purpose(목적) : 실험 책과 참고문헌 및 자료를 토대로 실험의 전반적인 목적에 대해서 간단히 작성한다.
4. Principle(원리)
   - 이론 전개 : 실험과 관련된 기본 원리에서 응용까지 참고할 수 있는 모든 자료를 찾아 적는다.
   - 반응 및 방정식 : 실험 과정에서 화학 반응이 수반되는 경우, 정확히 균형을 맞춘 화학 반응식을 쓴다.
5. Reagents(시약)
   - 실험에 사용되는 시약의 성상, M.W, B.P, M.P, density 등 물리적인 특성을 작성하고 익힌다.
   - 주의점 및 독성은 테이블 밑에 기입

영문명	국문명	성상	화학식	M.W.(몰질량) (g/mol)	m.p(녹는점) (℃)	b.p(끓는점) (℃)	d(밀도) (g/ml)
Sodium hydroxide			NaOH	40.00	318	1390	2.13

6. Apparatus(실험기구) : 실험에 사용한 기구들의 이름, 용도 및 주의 사항을 적고 익힌다.
7. Procedure(실험과정) : 실제 수행한 실험 방법을 자세히 적고, 실험 과정에 대한 사진을 부착하거나 그림으로 도시하여 설명한다.
8. Observation & Result : 모든 실험값과 관찰을 즉시 기록하며, 계산을 순서에 따라 차근차근 빠짐없이 실시하되 반드시 단위를 표기한다.
   - 실험 과정에서 관찰한 사항 정리 : 반응물의 변화 상태 등
   - 계산과정을 보이고, 실험 결과를 정리
   - 반응물의 변화 등 사진 부착
9. 고찰 : 관찰한 내용을 토대로 의문이 나는 점을 문헌을 찾아 조사하며, 실험 결과로부터 얻을 수 있는 결론을 도출한다.
10. 참고문헌 : 참고문헌을 약기 방식으로 기입하고, 관련 쪽수를 적는다.

7 pH(수소이온지수) 측정 및 pH 미터 사용법

7.1 pH(수소이온지수)란?

화합물이 용매인 물과 이루는 평형에 따라 수용액이 산성인지 염기성인지가 결정된다. 만능 용매로 알려진 물은 자체가 해리하여 소량의 수소이온과 수산화 이온을 내는 경향이 있다.

$$H_2O \rightleftharpoons H^+(aq) + OH^-(aq)$$

그러나 물은 강전해질이 아니기 때문에 이 반응은 정반응 쪽으로 약간 이동하고, 대부분 역반응 쪽이 유리한 반응이므로 물 분자 중 극히 소량만 해리하고, 평형에 도달한다. 따라서 평형상수는 다음과 같이 쓸 수 있다.

$$K_C = \frac{[H^+]\cdot[OH^-]}{H_2O}$$

그런데 수용액에서의 물의 농도는 55.5 M로 이 중 극히 일부만이 해리하기 때문에 물의 농도는 거의 변화가 없다. 따라서 평형상수식을 다음과 같이 변형하여 물의 해리상수라고 하는 새로운 상수를 만들 수 있다.

$$Kc[H_2O] = [H^+]\cdot[OH^-]$$
$$Kw = [H^+]\cdot[OH^-]$$

25℃에서 $Kw = 1.0\times10^{-14}$으로 어떤 수용액에서든지 25℃에서 $[H^+]$와 $[OH^-]$의 농도의 곱은 항상 1.0×10^{-14}이다. 물이 해리할 때 2가지 이온이 같은 양이 생성되므로 순수한 물에서의 $[H^+]$와 $[OH^-]$의 농도는 같다.

$$[H^+] = [OH^-]$$
$$[H^+]\cdot[OH^-] = [H^+]^2 = 1.0\times10^{-14}$$

따라서 $[H^+] = 1.0\times10^{-7} = [OH^-]$

이처럼 수용액 중 $[H^+]$와 $[OH^-]$의 농도가 같은 용액을 중성 용액이라고 한다. 보통 수용액에서는 $[H^+]$와 $[OH^-]$의 농도가 다른 경우가 많다. 어느 한 이온의 농도가 커지면 $[H^+]\cdot[OH^-] = 1.0\times10^{-14}$이 되기 위해서 다른 이온의 농도는 반드시 작아져야 한다. $[H^+]$이 $[OH^-]$보다 큰 수용액을 산성이라고 하고, 그 반대의 경우를 염기성이라 한다.

수용액에서 $[H^+]$나 $[OH^-]$는 너무 작은 값이므로 사용하기에 매우 불편하다. 따라서 용액의 액성(상성 또는 염기성)을 나타내는 데는 주로 수소이온지수인 pH를 사용한다. pH는 수소이온 농도($[H^+]$)의 역수의 상용로그값으로 수소이온지수라고 하며, 덴마크의 생화학자인 쇠렌센에 의해 제안되었다.

$$pH = \log\frac{1}{[H^+]} = -\log[H^+]$$

$$[H^+] = 10^{-pH}$$

용액의 pH는 0에서 14까지의 범위를 가지며 수용액의 $[H^+]$보다는 pH 값을 이용하여 용액의 산성 또는 염기성을 나타내는 것이 훨씬 편리하다. 25℃의 순수한 물이나 중성용액에서 $[H^+] = 1.0\times10^{-7}$mol/L이므로 pH는 7이 된다.

$$pH = -\log[H^+] = -\log(1.0\times10^{-7}) = 7$$

※ $[H^+]$와 pH의 관계

산성용액 $[H^+] > 10^{-7}$ mol/L $> [OH^-]$, $pH < 7$

중성용액 $[H^+] = 10^{-7}$ mol/L $= [OH^-]$, $pH = 7$

염기성용액 $[H^+] < 10^{-7}$ mol/L $< [OH^-]$, $pH > 7$

용액의 수소이온 농도와 pH 관계에서는 다음을 주의하여야 한다.

$[H^+]$와 pH 변화는 서로 역의 관계에 있다. $[H^+]$가 10^{-2} M에서 10^{-4} M로 감소하면 pH는 2에서 4로 증가한다. 즉, pH는 $[H^+]$가 작을수록 커진다. 일반적으로 pH가 높아지면 용액은 산성이 약해진다.

pH 1 단위의 변화는 $[H^+]$농도로는 10배가 변한다.

pH 3인 수용액의 $[H^+]$는 10^{-3} M이고 pH 4인 수용액의 $[H^+]$는 10^{-4} M이다.

pH를 측정하는 방법은 여러 가지가 있으나 산-염기지시약이 수소이온농도에 의하여 변색되는 것을 보고 pH를 결정하는 방법과 pH 미터를 이용한 전기적 측정법이 흔히 쓰인다.

pH 미터는 전극을 사용하는 전기적 pH 측정장치로서 pH 전역에 걸쳐서 측정할 수 있으며, 산화성 및 환원성의 물질이나 비수용액뿐만 아니라 착색된 용액의 pH도 측정할 수 있다. pH 미터에 의한 전기적 측정법은 용액 속에 담근 지시전극(indicator electrode)과 기준전극

(reference electrode) 사이의 전위차 측정에 의하여 pH를 결정하는 방법이다. 지시전극의 특징은 용액의 pH 변화에 비례하여 전위가 변한다는 점인데, 이에는 수소 전극, 퀸히드론 전극, 안티몬전극, 유리전극 등이 있으나 일반적인 측정에는 유리전극이 많이 쓰인다. 표준이 되는 기준전극은 수소전극(hydrogen electrode)이지만 사용하기가 불편하므로 유리전극의 내부 전극과 같은 종류, 같은 조성을 가진 포화 칼로멜 전극(saturated calomel electrode)이 쓰이는데, 이것은 용액의 pH에 관계없이 일정한 전극전위를 나타내는 특징이 있다.

표준 수소전극의 기전력(electromotive force)을 Nernst 방정식으로부터 계산하면 25℃에서

$$E = 0.0591\log\frac{1}{[H^+]} \text{ 이다.}$$

이 식을 pH에 대하여 다시 쓰면

$$pH = \log\frac{1}{[H^+]} = \frac{E}{0.0591} \text{ 이다.}$$

수소전극을 기준전극에 연결하면

$$pH = \frac{E - E_0}{0.0591} \text{(칼로멜 전극일 때는 } E^0 = 0.336\ V\text{)이다.}$$

현재 시판되고 있는 pH 미터는 지시 눈금이 pH 단위로 표시되어 있으므로 용액의 pH 미터로 직접 읽을 수 있다.

7.2 pH 미터의 사용법

7.2.1 pH 미터의 구조

pH 미터는 일반적으로 칼로멜 전근(calomel electrode)을 사용하는 기준전극(reference electrode)과 유리전극(glass electrode)이나 Ag-AgCl-Cl- 전극을 사용하는 지시전극(indicator electrode)을 사용하여, 상기 두 전극 사이에 생기는 전위차로 인한 전류(용액의 pH와 정비례)를 측정하여 용액의 pH를 결정하는 원리이다.

pH 미터는 제조사마다 각각의 기본 형태가 다르나 가장 일반적인 형태의 기본구조는 다음과 같다.

7.2.2 표시부

pH 측정 결과와 pH 미터의 설정 조건 등을 표시하는 부분이다. 표시부에 기능 조작의 메뉴를 표시하고 다양한 기능을 사용할 수 있다.

1. 측정연도, 월, 일, 시, 분을 표시한다. 인터벌 측정 실행 중에는 인터벌 타이머를 표시한다.
2. 시료 번호를 표시하며 1에서 최대 99까지 표시가 가능하다.
3. pH 측정을 실행하는 것을 표시한다.
4. 표시하고 있는 수치가 pH임을 나타낸다.
5. 시료의 온도 측정치를 나타낸다.
6. 측정온도에 pH 측정치의 보상(compensation)에 대한 설정을 표시한다. 자동 보상 모드에서는 [ATC]로 표시되고 수동모드에서는 [MTC]로 표시된다.
7. 조작부에 있는 Function 키[FUNC]에 대한 할당을 표시하며, [DIGIT], [PRINT], [DATA IN], [HOLD]는 각각 [FUNC 1], [FUNC2], [FUNC3], [FUNC4] 키에 의해 선택이 가능하다.
8. 기타 표시 기능으로 교정을 실시한 연, 월, 일, 시, 분이나 장치의 안정 여부 등의 상태와 에러 등을 표시하여 주는 기능도 있다.

7.2.3 조작부

각종 조작을 위한 조작키가 배열되어 있는 부분으로 각각의 기능은 다음과 같다.

1. 홀드 모드를 해체할 때 또는 각종 화면(메뉴화면, 설정화면, HELP 화면 등)으로부터 하나 이전의 상태로 돌아가는 경우에 사용한다.
2. 메뉴 화면을 표시할 때 사용하며, 누를 때마다 메뉴 화면과 측정화면이 번갈아 가면서 바뀐다.
3. 기기의 사용에 있어서 의문사항에 대한 도움을 얻기 위해 HELP 화면을 표시하고자 할 때 사용한다.
4. pH에 대한 교정을 실시하는 경우에 사용한다. ORP 측정 시에는 mV 시프트를 실행하는 경우에 사용한다.
5. 수치 설정과 기능 선택의 변화 시 사용한다.
6. 기능을 선택할 때 또는 설정항목을 변환할 때 사용한다.
7. 설정화면에 있어서 설정의 확정의 경우에 사용한다.

8. 각각 표시부의 FUNC 키 상부에 표시되어 있는 조작을 실행하고자 할 때 사용한다.

7.2.4 pH 전극

pH 미터의 핵심이 되는 부품으로 기본적인 구조는 다음과 같다.

1. 내부액 보충구 : 전극의 내부에 내부액(3.3 mol/L 염화칼륨(KCl) 용액)을 보충할 때에 사용한다.
2. 유리막 : pH를 감지하는 부분이다.
3. 액락부 : 전극 내부에 있는 KCl 용액이 흘러나오는 부분으로 측정 용액과 기준전극 간의 접점이 되는 부분이다.
4. 전극 플러그 : pH 미터 본체에 전극을 접속하는 플러그이다.
5. 보호 뚜껑 : 전극을 보관할 때 pH를 감지하는 유리막을 보호하기 위하여 사용하며, pH 측정 시에만 벗겨서 사용한다. 측정 후에는 반드시 뚜껑을 끼워 두어야 한다.

7.2.5 pH 미터의 설치

pH 미터를 설치 및 보관할 때는 장치를 안정적으로 사용하기 위해 직사광선이 닿는 곳, 진동이 많은 곳, 부식성 가스가 발생하는 장소는 피하여야 한다. 설치 장소의 온도는 0~45℃ 이내의 범위로 유지되어야 하며, 습도는 85% 이하로 조절이 가능해야 한다. 특히 겨울철에 스토브 등 난방 기구를 가까이해서는 안 되며 공조기구로부터 바람이 직접 닿는 곳, 아르곤 가스 등 방전 전압이 낮은 가스 분위기 중에서는 사용하지 않아야 한다.

7.2.6 pH 측정

1. pH 전극의 준비 : 교정과 측정을 하기 전에 먼저 아래의 순서에 따라 전극 점검을 한다.
   - 내부액의 레벨을 점검하고 내부액이 기준 레벨 이하의 경우는 보충한다.
   - 보호뚜껑이 붙어 있는 경우는 보호뚜껑을 빼서 뚜껑 홀더에 두고, 전극을 전극 지지대에 설치한다.
   - 전극은 유리로 만들어져 있으며, 파손 시 유리 파편에 의해 상처를 입을 수 있으므로 주의해서 다룰 수 있도록 해야 한다.
2. 일반적으로 측정할 때는 온도 보상을 [ATC]로 설정한다.
3. 전극의 끝부분을 순수한 물로 세정하고 흡습지 등으로 가볍게 닦는다. 이때 너무 세게

문지르면 전극에 손상이 갈 수 있으므로 주의한다.

4. 전극의 내부액 보충구의 고무마개는 연다.
5. pH 측정용 시료를 비커에 넣고 전극을 비커에 넣고 2~3번 돌려 움직인다. 이때 전극의 액락부(작은 하얀 구멍)가 표준액에 충분히 침투하도록 한다.
   측정치가 안정되면 그 표시를 읽는다.
6. 3번 측정한 값이 ±0.1 이내의 범위에서 일치되도록 한 다음 그 값을 평균하여 pH 측정용 시료의 pH를 결정한다.

7.2.7 pH의 교정(calibration)

pH를 측정하기 전에 반드시 교정을 실시하여야 한다. 일반적으로 교정은 pH 6.86 표준액과 다른 pH의 표준액에 의한 2점 또는 3점 교정을 실시하는데, 여기에서는 pH 6.86과 pH 4.01의 표준액을 사용한 2점 교정의 조작을 설명하기로 한다.

1. 통상적인 교정에서는 온도 보상을 [ATC]로 설정한다.
2. pH 6.86인 표준액과 pH 4.01인 표준액을 각각 따로 비커에 넣는다. 이때 표준액은 pH 전극이 용액에 충분히 담가질 수 있을 충분한 양을 분취한다.
3. 전극의 끝부분을 순순한 물로 세정하고 티슈페이퍼 등으로 가볍게 닦는다.
4. 전극을 pH 6.86인 표준액의 비커에 넣고 2~3번 돌려 움직인다. 이때 전극의 액락부가 표준액에 충분히 침투하도록 한다. 또한 전극의 내부액 보충구의 고무마개는 반드시 열어 둔다.
5. 측정화면에 있는 CAL 키를 2초 이상 누른다.
6. 교정 중에는 메시지 박스에 [교정 안정판단 중입니다]라는 메시지가 표시된다. 이때, [FUNC1] 키는 교정 중지, [FUNC4] 키는 교정 삭제 키로 바뀐다. 만약 교정을 도중에 멈추고 싶은 경우는 교정 중지[FUNC1] 키를 누른다.
7. 측정화면에서 pH가 안정하고 교정이 종료되면 [교정 정상 종료합니다]의 메시지가 표시된다.
8. 전극의 끝부분을 순수한 물로 세정하고 티슈페이퍼 등으로 가볍게 닦는다.
9. pH 4.01인 표준액을 사용하여 같은 식으로 위의 조작을 반복한다.
10. pH 1.68, pH 9.18 등의 다른 표준액을 사용하여 교정을 하는 경우에도 같은 방법으로 교정할 수 있다.

7.2.8 pH 미터 사용상의 주의 사항

기기에 이상한 작동이 느껴지면 즉시 전원을 끄고 전원 케이블을 콘센트로부터 분리한다. 특히 악취가 나거나 연기가 발생하는 경우는 발화나 내부 파손 등의 가능성이 있기 때문에 신속하게 전원을 차단하고 전원 케이블을 분리하여야 한다.

기기를 다룰 때 젖은 손으로 전원 케이블을 만지며, 고장, 화재, 감전의 위험이 있으므로 주의하여야 한다. 또한 감전을 방지하기 위해 장치의 본체 하부에 설치되어 있는 접지 부분을 반드시 접지하도록 한다.

마지막 측정을 마친 후 전극을 씻고 증류수에 담가둔다(장기간 사용하지 않을 때는 전극에 마개를 끼워둔다).

실험 1. 산-염기 pH 측정 실험

1. 실험목적

• pH 미터의 사용법을 알고 주어진 시료의 pH를 측정을 통하여 측정법을 정확하게 익힌다. pH가 뜻하는 바를 학습하고, 측정한 결과의 해석을 통해 용액의 액성을 알 수 있다.

2. 실험시약

• 수산화나트륨(NaOH, Sodium hydroxide), 염산(HCl, Hydrochloric acid)

3. 실험기구

• pH 미터 및 전극, 완충용액(pH 4, 7), 피펫(pipette), 피펫필러(pipette filler), 부피플라스크(Volumetric Flasks), 씻기병(wash bottle), 저울(chemical balance), 시약포지(Weighing paper), 파라필름(parafilm), 라벨테이프, 깔대기(funnel)

4. 실험방법

1) 0.1 M, 0.01 M, 0.001 M HCl 용액의 조제

① 1 L 부피플라스크에 증류수를 소량 넣은 후 HCl 8.84 mL 넣고 잘 섞은 후 부피플라스크의 표선까지 증류수를 넣어 0.1 M HCl 용액 1 L를 제조한다.

② 0.1 M HCl 용액 50 mL 분취하여 0.01 M HCl 용액 500 mL를 제조한다.

③ 0.01 M HCl 용액 50 mL 분취하여 0.001 M HCl 용액 500 mL를 제조한다.

2) 0.1 M, 0.01 M, 0.001 M NaCl 용액의 조제

① 1 L 부피플라스크에 증류수를 소량 넣은 후 NaOH 4 g을 넣고 잘 섞은 후 부피플라스크의 표선까지 증류수를 넣어 0.1 M NaOH 용액 1 L를 제조한다.

② 0.1 M NaOH 용액 25 mL를 분취하여 0.01 M NaOH 용액 250 mL를 제조한다.

③ 0.1 M NaOH 용액 2.5 mL를 분취하여 0.01 M NaOH 용액 250 mL를 제조한다.

3) pH 측정

① 유리전극을 미리 정제수에 수 시간 담가둔다.

② 유리전극을 정제수에서 꺼내어 세척종이 등으로 가볍게 닦아낸다.

③ 유리전극을 측정하고자 하는 시료에 담가 pH의 측정 결과가 안정화 될 때까지 기다린다.

- pH측정은 묽은 염산 용액부터 차례대로 측정하고 pH가 안정되면 측정값을 기록한다.
- pH측정은 묽은 NaOH 수용액부터 차례대로 측정하고 pH가 안정되면 측정값을 기록한다.

④ 측정된 pH가 안정되면 측정값을 기록지에 기록한다.

⑤ 시료로부터 pH 전극을 꺼내어 정제수로 세척한 다음 세척종이 등으로 가볍게 닦아내어 제조사에서 제시하는 보관용액 또는 정제수에 담아 보관한다.

5. 유의사항

- pH meter 전극 파손주의(용기 바닥에 닿지 않도록)
- 충격주지 않도록 항상 전극을 세척한 후 사용할 것
- 건조 상태에 있었던 전극을 미리 증류수에 담가서 무리가 없도록 할 것
- 강산성이나 강알칼리에서는 사용하지 않도록 할 것

실험 결과

1. Title(제목) :

2. Date(일자) :

3. Purpose(목적)

4. Reagents(시약)

영문명	국문명	성상	화학식	M.W.(몰질량) (g/mol)	m.p(녹는점) (℃)	b.p(끓는점) (℃)	d(밀도) (g/mL)

그림 1. 실험에 사용한 시약

5. Apparatus(실험기구)

그림 2. 실험기구

6. Procedure(실험과정)

7. Observation & Result1) pH 측정 결과 기록

시료액	측정 pH
수돗물	
0.1 M HCl	
0.01 M HCl	
0.001 M HCl	
0.1 M NaOH	
0.01 M NaOH	
0.001 M NaOH	

2) 수소이온농도 계산 및 액성 판단

시료액	측정 pH
수돗물	
0.1 M HCl	
0.01 M HCl	
0.001 M HCl	
0.1 M NaOH	
0.01 M NaOH	
0.001 M NaOH	

- 계산과정

그림 3. 실험사진

8. 느낀 점 및 주의사항

8 지시약의 작용원리 및 제조

지시약이란 화학적 변화가 일어나는 과정을 명확하게 관찰하도록 넣어 주는 물질을 말한다. 관찰할 수 있는 것은 색의 변화, 침전 형성, 거품 형성, 온도 변화 등이 있는데, 화학 지시약들은 대체로 색의 변화를 통해서 화학 반응의 변화를 확인할 수 있다. 지시약의 종류에는 산·염기 지시약, 산화환원 지시약, 착물 지시약, 금속이온 지시약, 흡착 지시약 등이 있다.

8.1 산·염기 지시약

산·염기 지시약(indicator)은 용액 중의 pH 변화에 따라 색깔이 변하여 적정 시 종말점을 지시하여 주며, 지시약은 그 자신이 약한 산(HIn) 또는 염기(InOH)이다. 지시약의 변색 이론에 관한 이론이 몇 가지 있으나 모든 지시약의 변색을 설명할 수는 없다.

만약 약한 산인 지시약 HIn을 산성용액에 가하였을 때 공통이온인 H^+의 영향으로 이온화가 억제되어 분자 상태인 HIn으로 대부분 존재하여 분자색(molecular color)을 띠게 된다. 적정이 진행되면 용액 중의 H^+은 점차 감소되고 HIn은 이온화하여 In^-을 생성하므로 이온색(ionic color)이 나타난다.

HIn	$\rightleftharpoons$	$H^+ + In^-$
분자색		이온색
(산성색)		(염기성색)

즉, 약한 산인 지시약이 산성용액 중에서는 분자색(산성색)을 나타내고, 염기성 용액에서는 이온색(염기성색)을 나타낸다는 것이 이 이론의 주요 골자이다.

지시약의 이온화는 이온화상수가 K라고 할 때 다음과 같이 나타낼 수 있다.

$$K = \frac{[H^+][\in^-]}{[HIn]}, \quad \frac{[H^+]}{K} = \frac{[HIn]}{[In^-]}$$

$$[H^+] = K\frac{[HIn]}{[In^-]} = K\frac{[\text{분자색}]}{[\text{이온색}]} = K\frac{[\text{산성액}]}{[\text{염기성액}]}$$

$$pH = pK - \log\frac{[HIn]}{[In^-]}$$

$[H^+]$ = k일 때 [분자색] = [이온색] 또는 [산성색] = [염기성색]이 되어 분자색과 이온색의 중간을 나타나게 된다. 산성용액 중에서 HIn은 전부 분자색만 띠며, 적정이 시작되면 조금씩 이온색으로 변하여 가다가 [분자색] = [이온색]이 되는 점을 지나서 나중에는 이온색만을 띠게 된다. 그러나 [분자색]이 [이온색]으로 조금 변하였다고 변색을 금방 알아볼 수 있는 것은 아니고 두 색의 차이가 10% 정도일 때 변색을 알아볼 수 있는 것이다.

지시약이 분자색만으로 존재하다가 그중 9%가 이온색으로 변하였을 때 변색을 알아보았다고 가정하면

$$pH = pK - \log\frac{[\text{분자색}]}{[\text{이온색}]} = pK - \log\frac{91}{9} = pK - 1$$

또한, 이온색이 계속 증가하여 91%에 도달하게 되면 pH는 다음과 같다.

$$pH = pK - \log\frac{[\text{분자색}]}{[\text{이온색}]} = pK - \log\frac{9}{91} = pK + 1$$

이상을 정리하면 [분자색]과 [이온색]의 차이가 9%일 때 pH = pK-1이다. 즉, 분자색이 보이기 시작할 때 pH = pK-1이고, 이온색이 보이기 시작하면 pH = pK+1이다. 따라서 지시약의 변색은 갑자기 일어나는 것이 아니고 보통 pH 값의 차이가 2를 넘을 때 비로소 변색을 판단할 수 있다. 이것을 그 지시약의 변색범위(color change interval) 또는 지시약 범위(indicator range)라고 한다. 한편, 지시약의 사용량이 적당하지 않을 때 적정오차를 가져올 수도 있다.

표 1.6 지시약의 범위

pH / 지시약	산성 ← 1	2	3	4	5	중성 6	7	→ 8	9	10	알칼리성 11	pH의 변색범위
메틸오렌지		적색			등황색							3.2～4.4
메틸레드			적색				황색					4.2～6.3
리트머스						적색			황색			6.0～8.0
크레졸레드							황색			적색		7.0～8.8
페놀프탈레인								무색			적색	8.0～10.0

산-염기 지시약의 선택

- 강산 + 강염기(HCI + NaOH) ⇒ 메틸오렌지 또는 페놀프탈레인
- 강산 + 약염기(HCI+ NH_4OH) ⇒ 메틸오렌지 또는 메틸레드
- 약산 + 강염기(CH_3COOH + NaOH) ⇒ 페놀프탈레인
- 약산 + 약염기(CH_3COOH + NH_4OH) ⇒ 적합한 시약 없음

8.2 산화 – 환원 지시약

산화 - 환원 적정 시에는 당량점 부근에서 전극전위의 급격한 변화(potential jump)가 일어난다. 이 전위 부근에서 변색하는 산화 - 환원 지시약을 사용하거나 그 전위를 직접 측정함으로써 당량점을 구할 수 있다.

8.2.1 자체지시약

적정에 사용하는 산화제 또는 환원제 자체가 분명한 색깔을 띠는 경우는 그 색깔을 종말점을 판단하는 데 사용할 수 있다. 산화제로 사용하는 과망간산칼륨($KMnO_4$)이 대표적인 예이며, 이는 MnO^{4-} 이온이 진한 용액의 경우는 짙은 보라색을 띠고 묽은 용액에서는 분홍색을 띤다. 지시약으로 적정물질에 소량 첨가되면 보라색 또는 분홍색의 MnO^{4-}는 환원되어 Mn^{2+}로 되는데 이것은 무색이며 반응이 끝났을 때는 다시 MnO^{4-}의 보라색이 나타나 반응의 종말점을 판단하는 데 사용할 수 있다. 이 경우 종말점은 당량점 뒤에 나타나 오차를 수반하지만 바탕실험 또는 표정에 의하여 보정되는 오차이다.

8.2.2 녹말지시약

적정에서 반응에 참여하는 물질 즉, 산화제 또는 환원제와 반응하여 명확한 색을 나타내는 특수한 물질이 지시약으로 사용되기도 한다. 요오드법 적정의 경우 녹말 용액은 적정에서 여분으로 남아 있는 I^-과 반응하여 짙은 청색을 띤다. 이 반응은 아주 소량의 요오드에 대하여도 매우 민감하며, 요오드를 산화제로 사용하여 환원제를 적정할 때 당량점까지는 용액이 무색이다. 당량점을 지나 한 방울의 과량이 더 적가되면 명확한 청색을 나타낸다.

8.2.3 여러 가지 산화 – 환원지시약

위의 두 경우보다는 일반적인 산화 - 환원 반응에서는 산화 - 환원지시약(redox indicator)을

사용하는데, 적정하는 동안 변화하는 전극전위에 따라 색깔이 변하는 것을 산화-환원 지시약이라고 한다. 이 지시약은 대부분 약한 산화제 또는 환원제이며, 산화형과 환원형의 색깔이 다르므로 종말점을 판단하는 데 유용하게 사용할 수 있다. 이 지시약의 반쪽 반응과 환원전위는 다음과 같다.

$$In_{ox} + ne^- \rightleftharpoons In_{Red}$$

(산화형색깔) (환원형 색깔)

$$E = E^0 + \frac{0.0591}{n}\log\frac{[In_{ox}]}{[In_{Red}]}$$

지시약의 변색은 pH 지시약이 pH에 따라 변색하는 것과 유사하며, 색깔의 세기는 지시약의 농도에 비례하고 산화형 또는 환원형의 색깔이 분명히 나타나기 위해서는 산화형과 환원형의 농도비가 10배 이상이어야 한다. 즉,

$$\text{산화형 색깔 } \frac{[In_{ox}]}{[In_{Red}]} \geq 10, \text{ 환원형 색깔 } \frac{[In_{ox}]}{[In_{Red}]} \leq 10$$

만약 분명한 변색을 확인하기 위해서는 $\frac{[In_{ox}]}{[In_{Red}]}$의 비가 10/1에서 1/10으로 농도비가 10배 변하였다면 $(2 \times \frac{0.0591}{n})$V의 전위 값이 필요하게 된다. 즉, n=1일 때를 가정하면

$$\text{산화형 색깔}: E = E^0 + \frac{0.0591}{n}\log\frac{10}{1} = E^0 + 0.0591$$

$$\text{환원형 색깔}: E = E^0 + \frac{0.0591}{n}\log\frac{1}{10} = E^0 - 0.0591$$

그러므로 산화형 색깔과 환원형 색깔의 전위 값의 차이가 약 0.12 V가 되는 것이다. E^0는 적정에서 당량점과 가까운 값이므로 이 값보다 0.12가 넘는 전위가 급격하게 변한다면 당량점에서 색깔이 변하게 되어 당량점을 식별할 수 있게 된다.

8.3 금속지시약

금속지시약은 유기 색소의 성질이 있는 여러 자리 리간드로서 금속이온과 킬레이트화합물을

형성하여 특이한 색깔을 띠며, 금속이온으로부터 유리되었을 때는 금속지시약 본래의 색깔로 돌아오게 되는 것이다. 다시 말해 다음과 같이 목적 금속이온을 포함하는 시료 용액에 금속지시약 f를 가하면 금속이온과 킬레이트화합물을 형성하여 특이한 색깔을 나타내게 된다.

$$M + f \rightleftharpoons M\text{-}f$$

이것을 EDTA 등의 킬레이트 표준용액으로 적정하면 당량점에서는 금속지시약 f가 유리되어 그 자신의 고유한 색깔로 되돌아오게 된다.

$$M\text{-}f + EDTA \rightleftharpoons M\text{-}EDTA + f$$

일반적으로 금속이온을 킬레이트제로 적정할 때, 즉 킬레이트 화합물의 형성은 pH의 영향을 크게 받으므로 적정하는 금속이온의 종류에 따라 적당한 완충용액으로 pH를 조절하고 적절한 금속지시약을 선택하여야 한다.

금속지시약은 다음과 같은 세 가지 조건을 만족하여야 한다.

(1) 금속지시약은 금속이온과 반응하여 킬레이트화합물을 형성할 수 있어야 한다.

(2) 금속지시약이 금속이온과 반응하여 형성하는 킬레이트화합물의 안정도상수는 킬레이트 표준용액이 금속지시약과 반응하여 형성하는 킬레이트화합물의 안정도상수보다 작아야 한다.

(3) 이때 금속지시약과 금속이온이 만드는 킬레이트화합물은 분명하게 특이한 색깔을 띠어야 한다.

금속이온에 대한 킬레이트제 및 금속지시약의 안정도상수를 각각 K_y 및 K_f라고 할 때 적정 실험에서 명확한 종말점을 얻기 위해서는 다음과 같은 조건을 만족하여야 한다.

- $\dfrac{K_y}{K_f} = 4$이상일 것
- K_f가 $10^4 \sim 10^5$ 정도가 될 것(pH를 높이면 이것을 만족할 수 있다)
- 사용하는 금속지시약의 농도를 가능한 한 적게 하고 금속이온의 농도는 가능한 한 크게 할 것

킬레이트 적정에서 자주 사용하는 금속지시약은 Eriochrom black T(EBT), Murexide(MX), 1-(2-pyridylazo)-2-naphthol(PAN), Pyrocatechol violet(PV) 등이 있다.

표 1.7

시약	농도	만드는 법
리트머스액	1%	리트머스 1 g을 물 99 mL에 녹여 여과하여 사용한다.
메틸오렌지	0.1%	메틸오렌지 0.1 g을 더운 물 100 mL에 녹여, 식은 후 여과한다.
페놀프탈레인	1%	페놀프탈레인 1 g을 60%에탄올 80 mL에 녹인 후 물을 부어 100 mL가 되게 한다.
네슬러 시약		KI 8 g과 $HgCl_2$ 11.5 g을 끓는 물 5 mL와 10 mL에 각각 녹이고 KOH 15 g을 물 30 mL에 녹여 모두 혼합한 후 100 mL가 되게 하여 여과한다.
페엘링 용액	A 액 B 액	$CuSO_4 \cdot 5H_2O$ 6.9 g을 물에 녹여 100 mL가 되게 한다. 타르타르산나트륨칼륨 결정 34.6 g과 NaOH 10 g을 물에 녹여 100 mL로 한다. * 사용 직전 A액과 B액을 같은 부피씩 섞어 사용한다.
요오드 용액	0.12%	KI 0.5 g과 I_2 0.3 g을 물에 녹여 250 mL가 되게 한다.
녹말 용액	1%	가용성 녹말 1 g을 물 100 mL에 넣고 가열한다. ※ 썩지 않게 하려면 HgI_2 1~2 mg을 넣고 가열한다.
요오드화칼륨·녹밀 종이		0.12% KI 용액 10 mL에 1% 녹말풀 1 mL를 섞어서 거름종이에 흡수시켜 사용한다.

제2장 표준용액의 이해

1 표준물질

정확한 농도 표준액을 만들 때는 조성을 잘 알 수 있는 안정한 물질이 필요하다. 가능한 한 순수하며 일정 조성을 가지고 있어 용액을 만들었을 때 거의 동일한 농도의 용액을 만들 수 있는 물질을 표준물질(standard substance) 또는 1차 표준(primary standard)이라 한다. 표준물질로서 적합한 것은

(1) 순수상태로 얻을 수 있거나 정제가 쉽게 되며 일정 조성을 가질 것

(2) 가열, 건조에 의하여 일정한 중량이 되고 결정수는 가급적 없는 것일 것

(3) 흡습성, 조해성이 없고 칭량하기 쉬우며 공기 중의 산소, 이산화탄소 및 일광과 같은 것에도 변하지 않는 것으로 보존하여 사용할 수 있는 것

(4) 수용액에 안정하고 저장이 불변하여야 한다. 즉 비가역적이며 가수분해를 일으키지 않아야 한다.

(5) 물에 대하여 용해도가 크고 가열하지 않아도 잘 녹는 것

(6) 당량 또는 식량이 커서, 칭량 시 상대오차가 적을 것

(7) 반응이 정량적으로 일어나는 것일 것

표준물질은 사용하기 전에 건조하여야 하며, 황산데시케이터 내에서 방냉하여 보관하여야 한다. 표준물질별로 적용하는 건조 조건은 아래의 표와 같다.

표 2-1 표준물질의 건조 조건

표준물질	건조 조건
아연(Zn)	염산(1+3), 물, 아세톤 순서로 세척한 후 황산데시케이터에서 24시간 이상 보관한다.
염화나트륨(NaCl)	백금도가니에 넣고 500~600℃에서 40~50분간 건조시킨다.
삼산화비소(As_2O_3)	105℃에서 3~4시간 건조시킨다.
중크롬산칼륨($K_2Cr_2O_7$)	막자사발에서 분쇄한 후 100~110℃에서 3~4시간 건조시킨다.
옥살산나트륨($Na_2C_2O_4$)	150~200℃에서 1~1.5시간 건조시킨다.
설파민산($HOSO_2NH_2$)	감압황산데시케이터에서 약 48시간 보관한다.
무수탄산나트륨(Na_2CO_3)	백금도가니에 넣고 500~650℃에서 40~50분간 건조시킨다.
구리(Cu)	아세트산(1+49), 물, 에탄올 순서로 세척한 후 황산데시케이터에서 24시간 이상 보관한다.
플루오르화나트륨(NaF)	백금도가니에 넣고 500~550℃에서 40~50분간 건조시킨다.
아이오딘산칼륨(KIO_3)	120~140℃에서 1.5~2시간 건조시킨다.

건조온도가 500℃ 전후인 경우는 백금도가니 중에 5 g 이내를 취하며 건조온도가 200℃ 이하일 경우는 적당한 크기의 칭량병에 넣어 평평하게 고르고 두께를 5 mm 이하로 한다. 황산데시게이터에 사용할 황산은 아황산이나 기타 휘발성 불순물이 함유되지 않은 순수한 것을 사용한다.

2 표준액

용량분석에 사용하는 정확한 농도의 용액을 표준액이라 한다. 농도는 노르말농도(normality, N)를 사용한다(다만 킬레이트 적정에서는 몰농도를 사용한다).

일반적인 적정에 사용되는 표준액의 농도로서는 1/10N이 취급하기 쉽다.

2.1 1차 표준액

앞에서 서술한 조건에 맞는 순수한 표준물질 x그램 당량을 정확하게 칭량하여 물에 녹여 메스플라스크에 넣고 다시 물을 채워서 정확히 1 L가 되게 하면 X[N] 표준액이 된다. 이와 같이 조제한 용액을 1차 표준액이라 한다.

2.2 2차 표준액

시약이 불순물을 포함하거나 결정수의 함량이 변하거나 공기 중의 수분을 흡수하거나 이산화탄소에 의해 변질하는 경우는 정확히 칭량할 수 없고 또한 별 의미도 없다. 이러한 경우는 대략 칭량하여 목적의 농도에 가까운 용액을 만들어, 농도를 알고 있는 1차 표준액이나 기타 순수물질을 기준으로 하여 정확한 농도를 결정한다. 이와 같이 만든 용액을 2차 표준액이라 한다. 농도가 정확하지 않은 높은 농도의 용액으로부터 낮은 농도의 표준용액을 조제할 경우에도 같은 방법으로 한다.

3 표정(standardization) 및 규정도 계수(normality factor)

적정 실험에 있어서 사용하는 표준용액의 정확한 농도를 적정에 의해 결정하는 조작을 표정(standardization)이라고 한다.

대부분의 적정 실험에 있어서 적정에 사용하기 위해 제조한 표준용액의 규정농도는 실제 목표로 했던 농도와 미세한 차이가 있게 되며 정확하게 일치하지 않는 경우가 많다. 그러나 적정법에 의한 실험에서 표준용액의 농도가 정확하지 않으면 표준용액과의 반응을 통해 정량하고자 하는 시료 중의 측정 성분의 농도를 정확하게 산출하는 것이 불가능해진다. 따라서, 이때에는 실제 제조된 표준용액의 농도를 보정하는 작업이 필요한데, 이와 같은 표준용액의 정확한 농도를 적정에 의해 결정하는 조작을 표정(standardization)이라고 한다. 표정 작업의 결과를 토대로 적정에 사용하기 위해 제조된 표준용액의 실제 제조 농도의 값을 원래 목표로 했던 소정의 농도값으로 나누어 준 값을 조제된 표준용액의 규정도 계수(normality factor), 또는 간단히 역가(factor)라고 한다.

$$\text{규정도계수}(f) = \frac{\text{이론(ml)수}}{\text{실제(ml)수}} = \frac{\text{제조농도}}{\text{기준농도}}$$

4 표준용액의 농도

대부분의 화학반응은 수용액에서 발생하고며 용액을 표시할 때 별도의 표시 없이 단순히 용액이라고 기재한 경우는 수용액을 의미한다. 그러므로 수용액에 존재하는 반응물의 양 즉, 농도(concentration)를 정의해야 한다. 이때 수용액(aqueous solution)이란 용질(solute)이 용매(solvent)인 물에 녹아 있는 상태를 말하며, 여기에서 농도란 주어진 양의 용액 속에 용질이 얼마나 존재하는가를 나타내는 단위이다. 화학분석 실험에서는 다양한 농도의 용액이 사용되며, 필요에 따라 정확한 농도의 용액을 직접 제조하여 사용하여야 하므로 용액의 농도표시 방법에 대한 정확한 이해는 실험에 사용되는 각종 용액을 정확하게 제조함에 있어서 매우 중요한 사항이다. 용액 속의 농도표시는 보통 4가지(백분율농도, 몰농도, 몰랄농도, 노르말농도)로 나타낼 수 있다.

4.1 백분율 농도(% 농도)

퍼센트 농도는 단순히 용액 전체 질량에 대해 존재하는 용질의 질량 비율을 나타낸 농도 단위이다. 질량백분율, 부피백분율, 무게 대 부피백분율 등으로 나눌 수 있다. 별도의 표시 없이 %로만 나타낸 것은 중량백분율(w/w%)을 의미한다.

(1) 질량백분율 : 용액의 단위질량당 함유된 용질의 질량(즉, 용액 100 g 중 용질의 g 수)

$$\text{질량\% 농도} = \frac{\text{용질의 양(g)}}{\text{용액의 양(g)}} \times 100$$

(2) 부피백분율 : 용액의 단위부피당 함유된 용질의 부피

$$\text{부피\% 농도} = \frac{\text{용질의 부피(mL)}}{\text{용액의 부피(mL)}} \times 100$$

(3) 무게 대 부피백분율 : 용액의 단위부피당 함유된 용질의 무게

$$\text{무게 대 부피\% 농도} = \frac{\text{용질의 양(g)}}{\text{용액의 부피(mL)}} \times 100$$

4.2 몰농도(M 농도, mole 농도)

화학에서 가장 많이 사용되는 농도 단위로서 용액 1 L 속에 녹아 있는 용질의 몰 수(용질의 무게/용질의 분자량)를 나타낸 농도를 말한다. 용액 1 L 안에 들어 있는 용질의 양이 1몰인 경우 용액 1[mol/L] 또는 1 M으로 표시한다. 몰농도의 표시를 이해하기 위해서는 용액 중에 녹아 있는 용질의 몰(mol) 수에 대한 계산이 필요하다. 용질의 몰(mol) 수는 용질의 질량(g)을 분자량으로 나누어 준 값을 말한다. 이때 몰농도를 표현할 때 한 가지 주의해야 할 점은 몰농도의 분모 항이 부피 단위이기 때문에 온도가 변화하면 부피의 변화가 발생되므로 온도에 따라 몰농도의 값이 다소 변화하는 경향이 있다.

$$\text{M 농도} = \frac{\text{용질의 mol 수}}{\text{용액 1L}} = \frac{\text{용질의 무게W(g)}}{\text{용질의 분자량M(g)}} \times \frac{1{,}000}{\text{용액의 부피(mL)}}$$

용질의 비중과 순도(%)를 이용하여 몰농도를 다음 식에 의하여 구할 수 있다.

$$\text{몰농도(M)} = \frac{\text{비중} \times 1000 \times \text{순도}\left(\frac{\%}{100}\right)}{\text{용질의 분자량M(g)}}$$

4.3 몰랄 농도(m 농도, molality 농도)

몰농도가 온도에 따라 변화하기 때문에 온도에 무관한 질량을 이용하여 농도를 표시할 수 있다. 몰랄 농도는 용매 1 kg(1,000 g)에 녹아 있는 용질의 몰 수(용질의 무게/ 용질의 분자량)를 나타낸 농도를 말한다.

$$\text{m 농도} = \frac{\text{용질의 무게W(g)}}{\text{용질의 분자량M(g)}} \times \frac{1{,}000}{\text{용매의 무게(g수)}}$$

4.4 규정농도(N 농도, 노르말 농도)

용액 1 L속에 녹아 있는 용질의 g당량 수를 나타낸 농도를 말한다. 용액 1 L 안에 들어 있는 용질의 양이 1당량인 경우 용액 1[eqs./L] 또는 1 N으로 표시한다.

$$\text{N 농도} = \frac{\text{용질의 g당량수}}{\text{용액의 부피(L)}} = \frac{\text{용질의 무게W(g)}}{\text{용질의 g당량(g)}} \times \frac{1{,}000}{\text{용매의 부피(mL)}}$$

$$\text{용질의 g당량수} = \frac{\text{용질의 무게W(g)}}{\text{용질의 g당량(g)}}$$

또한, 용질의 비중과 순도(%)를 이용하여 규정농도를 다음 식에 의하여 구할 수 있다.

$$\text{노르말 농도(N)} = \frac{\text{비중} \times 1000 \times \text{순도}(\frac{\%}{100})}{\text{g당량}}$$

당량

원소의 당량은 수소 1 g(1/2몰) 또는 산소 8 g(1/4몰)과 결합하거나 치환되는 다른 원소의 양
즉, 수소 원자 1개의 원자량과 결합하는 원소의 양으로서 원자가 1에 해당하는 원소의 양

- 원소의 당량 = $\frac{\text{원자량}}{\text{원자가}}$

- 원자단의 당량 = $\frac{\text{원자단속의 모든 원자의 원자량의합}}{\text{원자단의 원자가}}$

- 산 또는 염기의 당량 = $\frac{\text{산 또는 염기의g 분자량}}{\text{염기의 산도 또는 산의 염기도}}$

※ 염기의 산도 : OH^- 수, 산의 염기도 : H^+ 수

- 염의 당량 = $\frac{\text{염의 분자량}}{\text{염1몰이 생기는 데에 필요한 산 또는 염기의 당량수}}$

- 산화제 및 환원제의 당량 =

$$\frac{\text{산화제 및 환원제의분자량}}{\text{산화제 또는 환원제1분자가 산화 환원할 때에 이동되는 전자의 총수}}$$

- 분자(화합물)의 당량 = $\frac{\text{분자량}}{\text{양이온의 가수}}$

원자가

어떤 원소의 원자 한 개가 수소 원자 몇 개와 결합 또는 치환할 수 있는가를 나타내는 수

원자가 \ 주기표의 족	Ⅰ족	Ⅱ족	Ⅲ족	Ⅳ족	Ⅴ족	Ⅵ족	Ⅶ족
양성 원자가	+1	+2	+3	+4 +2	+5 +3	+6 +4	+7 +5
음성 원자가				-4	-3	-2	-1

원자가와 화학식의 관계

화합물은 전체가 중성이므로 원자가를 알면 다음과 같이 구한다.

(+)원자가 × 원자 수 = (-)원자가 × 원자 수

예) 원자가가 +3가인 Al과 원자가가 -2가인 O의 화학식은 다음과 같이 구한다.

$$Al^{3+} + O^{2-} \rightarrow Al_2^{3+}O_3^{2-} = Al_2O_3$$

1 g당량

수소(H)1 g(1/2 mole, 11.2 L)또는 산소(O) 8 g(1/4 mole, 5.6 L)와 결합 또는 치환하는 원소의 g 수

- NaOH의 1 g 당량 = 40 g/1 = 40 g, $Ca(OH)_2$의 1 g당량 = 74 g/2=37 g
- HCI의 1 g 당량 = 36.5 g/1 = 36.5g, H_2SO_4의 1 g 당량 = 98 g/2= 49 g

4.5 몰농도(mole 농도)와 규정농도(N 농도)와의 관계

N 농도 = mole 농도×산도 수(염기도 수)

4.6 % 농도와 몰농도(mole 농도) 또는 규정농도(N 농도)와의 관계

$$\text{M 농도} = \frac{\text{용액의 비중} \times 1{,}000}{\text{용질의 1g당량}} \times \frac{\text{\% 농도}}{100}$$

$$\text{N 농도} = \frac{\text{용액의 비중} \times 1{,}000}{\text{용질의 1g당량}} \times \frac{\text{\% 농도}}{100}$$

4.7 용액을 묽게 만드는 방법

(1) 중량백분율을 묽게 할 때

A%의 용액과 B%의 용액을 혼합하여 C%의 용액을 만들려면

A % → C % → (C-B) g
B % → C % → (A-C) g

즉, A% 용액 (C-B)g과 B% 용액 (A-C)g을 혼합하면 C% 용액이 된다.

예1) 87% 용액과 56% 용액을 혼합하여 75% 용액을 만들려면

87 % → 75 % → (75-56) = 19 g
56 % → 75 % → (87-75) = 12 g

즉, 87% 용액 19 g과 56% 용액 12 g을 혼합하면 75% 용액이 된다.

예2) 65% 용액을 물로 묽게 하여 15%의 용액을 만들려면(물속에는 용질이 없으므로) 0%로 간주하여 계산하면 된다.

65 % → 15 % → (15-0) = 15 g
0 % → 15 % → (65-15) = 50 g

즉, 65% 용액 15 g과 물 50 g을 혼합하면 된다.

(2) 몰농도를 묽게 할 때

A mole/L의 용액에 물을 가하여 B mole/L의 용액을 만들려면

A mole/L → B mole/L → (B-O) mL
O mole/L → B mole/L → (A-B) mL

즉, A mole/L 용액 B mL와 물 (A-B) mL를 혼합하면 된다.

예) $18M\text{-}H_2SO_4$에 물을 가하여 $3M\text{-}H_2SO_4$를 만들려면

18 M ⟶ 3 M ⟶ 3-0=3 mL

O M ⟶ 3 M ⟶ 18-3=15 mL

즉, 18 M-rm H_2SO_4 3 mL에 물 15 mL를 혼합하면 된다. 바꾸어 말하면 18 M-rm H_2SO_4 1부피에 물 5부피를 혼합하면 된다.

(3) 용액의 희석

농도를 아는 용액에 용매를 가하여 희석할 때는 사용한 진한 용액에 포함된 용질의 몰수와 희석된 후 용질의 몰수가 같다는 사실을 이용하여 계산한다.

예) 12.0 M의 진한 염산을 희석하여 1.5 M의 묽은 염산 1 L를 만들 때 필요한 진한 염산의 부피는

$$M_1V_1 = M_2V_2 \text{ 이므로}$$

$$12.0\text{ M} \times V_1 = 1.5\text{ M} \times 1.0\text{ L}$$

$$V_1 = \frac{1.5 \times 1.0}{12.0} = 0.125\text{ L}$$

이다.

그러므로 물을 반쯤 넣은 1 L 들이 부피 플라스크에 0.125 L의 진한 염산을 천천히 흔들면서 가한 후에 부피 플라스크의 표선까지 증류수를 채워 넣으면 1.5 M의 묽은 염산이 1 L 만들어진다.

또한, 용액을 용매로 묽게(희석) 할 경우는 진한 용액의 부피를 V_1, 노르말 농도(규정농도)를 N_1, 희석된 용액의 부피를 V_2, 이때의 노르말농도를 N_2라고 하면 다음 식도 성립된다.

$$N_1 \cdot V_1 = N_2 \cdot V_2$$

4.8 기타

(1) 혼액(1+2), (1+5), (1+5+10) 등으로 표시한 것은 액체상의 성분을 각각 1용량 대 2용량,

1용량 대 5용량, 1용량 대 5용량 대 10용량의 비율로 혼합한 것을 뜻하며, (1:2), (1:5), (1:5:10) 등으로 표시할 수 있다.

(2) 액의 농도를 (1 → 2), (1 → 5) 등으로 표시한 것은 그 용질의 성분이 고체일 때는 1 g을, 액체일 때는 1 mL를 용매에 녹여 전량을 2 mL 또는 5 mL로 하는 비율을 뜻한다.

5 표준용액의 조제 방법

모든 분석에는 시약의 조제, 묽힘, 세척 등에 많은 양의 물을 사용하게 되는데 이때 사용하는 물은 증류수를 사용하므로 실험할 때 증류수는 중요한 비중을 차지한다. 증류수에 불순물이 섞여 있다면 상당한 실험오차를 가져오게 된다. 증류수에는 일반 증류수와 이온교환수지를 통과시켜 만든 탈염수(demineralized water)가 있다.

새로 만들어진 증류수는 대략 pH가 6.6~6.8 정도이나 오래 방치하면 공기 중의 탄산가스나 먼지 등이 들어가 pH 5.7 정도까지 떨어지게 되므로 가열을 하여 용해된 탄산가스를 날려 보내어 쓰는 것이 좋은 방법이다.

5.1 표준 용액 조제 시 유의점

1. 시약 사용농도의 종류를 명확히 확인하여 % 농도, 노르말농도 등 알맞게 조제한다.
2. 오래된 고체 시약은 수분과 탄산가스 등을 흡수하여 그 순도가 변할 수 있으며, 액체 시약은 이외에도 증발 농축되어 실험에 영향을 미칠 수 있으므로 유의하여야 한다.
3. 용액 제조 시 발열반응이 일어나는 경우는 반드시 증류수에 진한 용액을 조금씩 첨가하면서 반응시켜야 한다. 특히 황산이나 수산화나트륨을 묽힐 때는 많은 열이 발생하므로 주의하여야 한다. 묽은 황산을 만들 때는 필요한 양의 증류수에 황산을 조금씩 가하고 서서히 저어 주면서 식혀 만들어야 하며 반대로 진한 황산에 증류수를 넣으면 폭발의 위험이 있으므로 삼가야 한다. 수산화나트륨은 조해성이 크고 탄산가스를 잘 흡수하므로 될 수 있는 한 빠른 시간에 칭량 접시를 사용하여 무게를 달아야 한다.
4. 가능하면 후드 내에서 시약을 조제 하도록 한다. 특히 유기용매나 냄새가 많이 나는 시약 또는 부식성 시약을 사용할 때는 항상 후드 내에서 시약을 다루어야 한다.
5. 유기 시약을 직접 손으로 만져서는 안 된다. 위험성이 큰 물질을 취급할 때는 고무장갑 등을 끼는 것이 좋다.
6. 항상 실험복을 착용하여 옷이나 피부 등을 보호하여야 한다.

5.2 표준 용액의 조제

시약 용액(일반적으로 표준용액)의 만드는 과정을 다음과 같이 한다.

1. 조제 하려는 시약의 필요한 양과 같은 메스플라스크를 찾아 증류수로 깨끗이 씻은 후,

증류수를 1/3가량 넣는다.

2. 화학 천칭이나 메스실린더로 조제할 시약을 계산된 양만큼 정확히 잰다.
3. 칭량한 물질을 메스플라스크에 모두 넣고 잘 흔들어 전부 녹인다.
4. 메스플라스크의 눈금(표선) 약간 밑에 액면이 오도록 증류수를 붓는다.
5. 실험대 위에 놓인 메스플라스크의 눈금과 눈의 시선(높이)을 수평이 되게 몸의 자세를 취하고 증류수를 조금씩 떨어뜨려 액면이 눈금에 일치하도록 한다.
6. 마개를 막고 잘 흔들어 섞는다.
7. 조제가 완료된 플라스크에는 제조 용액의 용액명, 제조일자, 제조자 이름, 사용 가능 일자, 보관 및 사용상 주의 사항 등을 작성한 라벨을 부착하여 보관 사용한다.

5.3 실험용 시약 용액의 조제 방법

5.3.1 산 용액

시약	농도	만드는 법
진한 염산 HCl	12 M	시판하는 순수한 염산 (약 35%, 비중 1.18) 그대로 사용
묽은 염산	6 M 2 M	12M-HCl에 같은 부피의 증류를 가한다. 진한 염산 1부피에 물 5부피를 가한다.
진한 황산 H_2SO_4	18 M	시판하는 진한황산(97%, 비중1.83) 그대로 사용
묽은 황산 H_2SO_4	3 M	18M-H_2SO_4 1부피를 물 5부피에 조금씩 서서히 가하면서 유리막대로 저어서 식혀준다(경고 : 일시에 혼합 시 발열·폭발하니 진한 황산에 물을 붓는 일은 소량이라도 절대 엄금한다).
	1 M	진한 황산 1부피를 물 17부피에 천천히 넣으면서 식힌다.
진한 질산 HNO_3	13.5 M 6 M 2 M	시판하는 순수한 질산(61.3%, 비중 1.38) 그대로 사용 진한 HNO_3 1부피에 물 1.25 부피를 가한다.(32%) 13.5 M 질산 1부피에 물 5.5부피를 가한다.
진한 인산 H_3PO_4	15 M	시판의 순수한 인산(80%)을 "시럽인산"이라 함
(빙)초산 CH_3COOH	18 M	시판의 순수한 아세트산(99.7%,비중 1.05) 그대로 사용
묽은 아세트산	6 M 2 M	빙초산 350 mL를 물 1 L에 가한다. 순수한 아세트산 1부피를 물 7부피에 가한다(12%).
묽은 옥살산 $(COOH)_2$	0.1 M	옥살산 결정$(COOH)_2 \cdot 2H_2O$ 16.8 g을 물에 녹여 100 mL 되게 함
왕수		진한 염산 3부피와 진한 질산 1부피를 섞는다(금을 녹임).

5.3.2 염기 용액

시약	농도	만드는 법
진한 수산화나트륨액	12 M	고체 NaOH 480 g을 물에 녹여 1 L 되게 한다.
묽은 수산화나트륨액	6 M 2 M	고체 NaOH 240 g을 물에 녹여 1 L 되게 한다. 고체 NaOH 80 g을 물에 녹여 1 L 되게 한다.
석회수 $Ca(OH)_2$	0.02 M	수산화칼슘을 물에 넣고 잘 흔들어 하룻밤 둔 후 위층 맑은 포화용액을 사용한다(0.15% 석회수가 된다).
진한 암모니아수	15 M	시판되는 암모니아수(28.3%, 비중 0.90)를 그대로 쓴다.
묽은 암모니아수	6 M	진한 암모니아수 1부피를 물 1.5 부피에 가한다.
NH_4OH	2 M	진한 암모니아수 1부피를 물 6.5 부피에 가한다.

5.5.3 염의 용액

시약	농도	만드는 법
소금물	0.8 M 1 M	NaCl 5 g을 물 95 mL에 녹인다(5.0%). NaCl 5.85 g을 물에 녹여 100 mL 되게 한다.
질산은	0.1 M	$AgNO_3$ 1.7 g을 물에 녹여 100 mL 되게 한다(1.7%).
염화바륨	0.07 M	$BaCl_2 \cdot 2H_2O$ 1.7 g을 물에 녹여 100 mL 되게 한다(1.5%).
황산나트륨	0.7 M	$Na_2SO_4 \cdot 10H_2O$ 23 g을 물에 녹여 100 mL 되게 한다(10%).
황산구리	0.2 M	$CuSO_4 \cdot 5H_2O$ 5 g을 물에 녹여 100 mL 되게 한다(3.2%).
황화나트륨		Na_2S 5 g을 글리세린 30 mL와 물 10 mL의 혼합액에 녹여서 위층의 맑은 액만 사용한다(밀봉하여 3개월 안에 사용함).
염화철(Ⅲ)	0.2 M	$FeCl_3 \cdot 6H_2O$ 8.3 g을 물에 녹여 100 mL 되게 한다(0.5%).
황산철(Ⅱ)	0.2 M	$FeSO_4 \cdot 7H_2O$ 9.1 g을 1M-H_2SO_4 5 mL에 용해하고 다시 물을 부어 100 mL 되게 한다(5.0%, 사용 직전 조제).
염화수은(Ⅱ) 승홍수	0.2 M	승홍($HgCl_2$) 5g을 물에 녹여 100mL 되게 한다(5.0%).
중크롬산칼륨	0.017 M	$K_2Cr_2O_7$ 5 g에 물에 녹여 100 mL 되게 한다(5.0%, 사용 직전 조제).
요오드화칼륨	0.3 M	KI 5 g을 물에 녹여 100 mL 되게 한다(5.0% 사용 직전 조제).
과망간산칼륨	0.02 M	$KMnO_4$ 0.3 g을 물에 녹여 100 mL 되게 한다(0.3% 사용 직전 조제).
탄산나트륨	0.7 M	$Na_2CO_3 \cdot 10H_2O$ 27 g을 물에 녹여 100 mL 되게 한다(20%).
티오황산나트륨	0.6 M	$Na_2S_2O_3 \cdot 5H_2O$ 15.7 g을 물에 녹여 100 mL 되게 한다(10%).
질산칼륨	0.5 M	KNO_3 0.1 g을 물에 녹여 100 mL 되게 한다(5%).
아세트산납	0.13 M	$(CH_3COO)_2Pb \cdot 3H_2O$ 4.9 g을 물에 녹여 100 mL 되게 한다(4.9%).

실험 2. 몰 농도 용액 조제

1. 실험목적

- 액체시약의 부피를 측정하여 표준용액의 제조과정을 이해하고, 몰농도의 개념을 정립한다.
- 고체시약의 질량을 측정하여 표준용액의 제조과정을 이해하고, 몰농도의 개념을 정립한다.
- 용액의 희석 방법에 대해서 학습한다.

2. 실험기구

- 부피플라스크(Volumetric flask), 피펫(Measuring pipette), 피펫필러(Pipette filler), 전자저울(Table balance), 약수저(Spoon), 약포지(Weighing paper), 씻기병(Wash bottle), 깔대기(funnel), 파라필름(Parafilm)

3. 필요시약

- 황산(H_2SO_4) : Sulfuric acid
- 수산화나트륨(NaOH) : Sodium Hydroxide

4. 실험방법

1) 0.1 M- H_2SO_4 용액 250 mL를 제조한다.
   ① 0.1 M H_2SO_4 용액 250 mL를 제조하기 위해 필요한 양을 계산한다.
   ② 250 mL 부피플라스크에 증류수를 1/4 정도 넣는다.
   ③ 계산된 양의 H_2SO_4를 부피플라스크에 넣고 잘 섞어준다.
   ④ 부피플라스크의 표선까지 증류수를 넣는다.
   ⑤ 부피플라스크를 막고 라벨링을 한다.

2) 0.1 M- NaOH 용액 500 mL를 제조한다.

① 0.1 M NaOH 용액 500 mL를 제조하기 위해 필요한 양을 계산한다.

② 부피플라스크에 증류수를 1/4 정도 넣는다.

③ 계산된 양의 NaOH를 부피플라스크에 넣고 잘 섞어준다.

④ 부피플라스크의 표선까지 증류수를 넣는다.

⑤ 부피플라스크를 막고 라벨링을 한다.

3) 0.1 M의 H_2SO_4 용액을 이용하여 0.01 M- H_2SO_4 용액 250 mL를 제조한다.

① 0.01 M H_2SO_4 용액 250 mL를 제조하기 위해 필요한 0.1 M의 H_2SO_4 양을 계산한다.

② 250 mL 부피플라스크에 증류수를 1/4 정도 넣는다.

③ 계산된 양의 0.1 M의 H_2SO_4 용액을 부피플라스크에 넣고 잘 섞어준다.

④ 부피플라스크의 표선까지 증류수를 넣는다.

⑤ 부피플라스크를 막고 라벨링을 한다.

4) 0.1 M의 NaOH 용액을 이용하여 0.05M NaOH 용액 500 mL를 제조한다.

① 0.05M NaOH 용액 500 mL를 제조하기 위해 필요한 0.1 M의 NaOH 양을 계산한다.

② 500 mL 부피플라스크에 증류수를 1/4 정도 넣는다.

③ 계산된 양의 0.1 M의 NaOH 용액을 부피플라스크에 넣고 잘 섞어준다.

④ 부피플라스크의 표선까지 증류수를 넣는다.

⑤ 부피플라스크를 막고 라벨링을 한다.

5. 유의사항

- 위험한 산과 염기 시약을 취급하므로 시약을 옮길 경우 후드 안에서 작업한다.
- H_2SO_4를 넣기 전에 증류수를 일정양 채우도록 한다.
- 실험을 하기 전 실험실의 환기를 반드시 한다.
- 사용하는 피펫과 약수저, 비커, 깔대기는 하나의 시약에만 사용한다.
- 반드시 제조한 표준용액은 라벨을 붙여 보관한다.
- 사용한 실험기구는 실험시간 종료 전 세척을 마무리한다(이때 반드시 세제를 이용!).

실험 결과

1. Title(제목) :

2. Date(일자) :

3. Purpose(목적)

4. Reagents(시약)

영문명	국문명	성상	화학식	M.W.(몰질량) (g/mol)	m.p(녹는점) (℃)	b.p(끓는점) (℃)	d(밀도) (g/mL)

그림 1. 실험에 사용한 시약

5. Apparatus(실험기구)

그림 2. 실험기구

6. Procedure(실험과정)

7. Observation & Result

1) 0.1 M H_2SO_4 250 mL 제조
   - 필요한 양 :
     (계산식)

   - 실험에 사용된 H_2SO_4의 무게(양)

2) 0.1 M- NaOH 용액 500 mL 제조
   - 필요한 양 :
     (계산식)

   - 실험에 사용된 NaOH의 무게(양)

3) 0.01 M H_2SO_4 250 mL 제조
- 필요한 양 :
  (계산식)

- 실험에 사용된 0.1 M H_2SO_4의 무게(양)

4) 0.05 M- NaOH 용액 500 mL 제조
- 필요한 양 :
  (계산식)

- 실험에 사용된 NaOH의 무게(양)

그림 3. 실험사진

5) 2 M 용액 500 mL를 묽혀서 1.5 M 용액으로 만들려면 용액의 부피는 (   ) mL가 되어야 한다.

6) 5 M 용액을 이용하여 2.5 M의 용액 500 mL를 만들려고 한다. 이 때 필요한 5 M 용액의 양은 얼마인가?

8. 느낀 점 및 주의사항

실험 3. 노르말 농도 용액 조제

1. 실험목적

- 액체시약의 부피를 측정하여 표준용액의 제조과정을 이해하고, 노르말농도의 개념을 정립한다.
- 고체시약의 질량을 측정하여 표준용액의 제조과정을 이해하고, 노르말농도의 개념을 정립한다.

2. 실험기구

- 부피플라스크(Volumetric flask), 피펫(Measuring pipette), 피펫필러(Pipette filler), 전자저울(Table balance), 약수저(Spoon), 약포지(Weighing paper), 씻기병(Wash bottle), 깔대기(funnel), 파라필름(Parafilm)

3. 필요시약

- 황산(H_2SO_4) : Sulfuric acid
- 질산(HNO_3) : Nitric acid
- 수산화나트륨(NaOH) : Sodium Hydroxide

4. 실험방법

1) 0.1 N- H_2SO_4 용액 250 mL를 제조한다.
   ① 0.1 N H_2SO_4 용액 250 mL를 제조하기 위해 필요한 양을 계산한다.
   ② 250 mL 부피플라스크에 증류수를 1/4 정도 넣는다.
   ③ 계산된 양의 H_2SO_4를 부피플라스크에 넣고 잘 섞어준다.
   ④ 부피플라스크의 표선까지 증류수를 넣는다.
   ⑤ 부피플라스크를 막고 라벨링을 한다.

2) 0.1 N- HNO_3 용액 250 mL를 제조한다.

① 0.1 N HNO_3 용액 250 mL를 제조하기 위해 필요한 양을 계산한다.

② 250 mL 부피플라스크에 증류수를 1/4 정도 넣는다.

③ 계산된 양의 HNO_3를 부피플라스크에 넣고 잘 섞어준다.

④ 부피플라스크의 표선까지 증류수를 넣는다.

⑤ 부피플라스크를 막고 라벨링을 한다.

3) 0.1 N- NaOH 용액 500 mL를 제조한다.

① 0.1 N NaOH 용액 500 mL를 제조하기 위해 필요한 양을 계산한다.

② 부피플라스크에 증류수를 1/4 정도 넣는다.

③ 계산된 양의 NaOH를 부피플라스크에 넣고 잘 섞어준다.

④ 부피플라스크의 표선까지 증류수를 넣는다.

⑤ 부피플라스크를 막고 라벨링을 한다.

5. 유의사항

- 위험한 산과 염기 시약을 취급하므로 시약을 옮길 경우 후드 안에서 작업한다.
- H_2SO_4, NaOH를 넣기 전에 증류수를 일정양 채우도록 한다.
- 실험을 하기 전 실험실의 환기를 반드시 한다.
- 사용하는 피펫과 약수저, 비커, 깔대기는 하나의 시약에만 사용한다.
- 반드시 제조한 표준용액은 라벨을 붙여 보관한다.
- 사용한 실험기구는 실험시간 종료 전 세척을 마무리한다(이때 반드시 세제를 이용!).

실험 결과

1. Title(제목) :

2. Date(일자) :

3. Purpose(목적)

4. Reagents(시약)

영문명	국문명	성상	화학식	M.W.(몰질량) (g/mol)	m.p(녹는점) (℃)	b.p(끓는점) (℃)	d(밀도) (g/mL)

그림 1. 실험에 사용한 시약

5. Apparatus(실험기구)

그림 2. 실험기구

6. Procedure(실험과정)

7. Observation & Result

1) 0.1 N H_2SO_4 250 mL 제조
   - 필요한 양 :
     (계산식)

   - 실험에 사용된 H_2SO_4의 무게(양)

2) 0.1 N HNO_3 250 mL 제조
   - 필요한 양 :
     (계산식)

   - 실험에 사용된 HNO_3의 무게(양)

3) 0.1 N NaOH 용액 500 mL 제조

- 필요한 양 :

  (계산식)

- 실험에 사용된 NaOH의 무게(양)

그림 3. 실험사진

4) 0.1 M H_2SO_4 250 mL를 제조하는 방법과 0.1 N H_2SO_4 250 mL를 제조하는 방법을 비교 설명하시오.

5) 0.1 M NaOH 용액 500 mL 제조하는 방법과 0.1 N NaOH 용액 500 mL를 제조하는 방법을 비교 설명하시오.

6) 0.1 M과 0.1 N H_2SO_4 용액 제조와 0.1 M과 0.1 N의 NaOH 용액제조를 통해 M(몰농도)와 N(노르말농도)의 관계를 설명하시오.

8. 느낀 점 및 주의사항

제3장 적정방법의 이해

용량분석에서 가장 중요한 조작은 적정이다. 일반적으로 분석하고자 하는 목적성분(analyte)이 포함된 시료를 삼각플라스크 등에 취하고 여기에 목적성분과 반응하는 시약을 뷰렛으로부터 한 방울씩 첨가하면서 표준용액의 성분과 시료 용액 중의 성분 간의 화학반응을 이용하여 종말점을 구하고 그때까지 첨가된 표준용액의 양으로부터 시료 용액 중의 측정하고자 하는 성분의 양을 알아내는 조작을 적정(titration)이라고 하며, 이때 적가되는 시약을 적정액(titrant)이라고 한다.

이때 적정액의 부피를 측정하여 목적성분의 함량을 구하는 방법을 부피분석 또는 적정법이라고 한다. 목적성분과 반응하는 시약은 정확히 농도를 알고 있어야 하고, 이를 표준용액(standard solution)이라고 하며, 목적성분과 같은 양이 되는 표준용액의 부피를 당량점(equivalent point)이라고 한다. 보통 부피분석에서는 당량점을 구하기 위하여 지시약법, 전기전도도법, 전위차법 및 분광광도계 등의 광학적 방법을 사용하는데 보통 지시약법이 널리 이용되고 있다. 목적성분이 포함된 시료를 미리 농도를 알고 있는 표준용액으로 직접 적정하는 방법을 직접적정(direct titiration)이라고 부르며, 이때 소비되는 표준용액의 양으로부터 목적성분의 농도를 산출하게 된다. 또 필요에 따라서는 시료 용액을 과량 가하여 충분히 반응시켜 반응이 완료된 후에도 남아 있는 과잉량을 다른 적당한 표준용액으로 적정하는 경우도 있는데 이와 같은 방법을 역적정(back titration)이라고 한다.

당량점과 종말점이 일치하는 경우가 가장 이상적이지만 실제 실험을 통하여 얻은 종말점은 당량점과 일치하지 않는 경우가 많다. 이 두 점의 차를 적정오차(titration error)라고 하며, 이

오차는 적정할 때 사용하는 시약, 적정하는 사람의 개인 오차 및 부적당한 지시약의 선택에 원인이 있다. 한편, 시료 중의 목적성분 이외의 성분(방해물질)이 표준물질과 반응하는 것도 오차의 원인이 된다.

그러므로 일반적으로 시료 용액 중 목적성분만 없는 용액을 대상으로 하여 표준물질이 얼마나 소비되는가를 측정하는 바탕시험(blank test)을 실시하여야 한다. 즉, 바탕시험은 분석하고자 하는 시료 용액 중에 측정하고자 하는 성분 이외의 물질과 표준 용액 간의 반응이 일어나는 경우 이에 따른 측정 오차를 보상하기 위해 실시하는 시험이다.

화학반응을 이용한 용량분석방법은 화학반응의 종류에 따라 중화적정법(neutralization titration), 산화-환원적정법(oxidation-reduction titration), 침전적정법(precipitation titration), 킬레이트 적정법(chelatometric titration) 등이 있다.

용량분석을 위해 사용되는 화학반응의 특징은 이용되는 화학반응의 반응속도가 빠르고 반응이 정량적으로 진행되며, 역반응이나 부반응을 동반하지 않고, 반응이 종료되는 지점의 확인이 용이하다.

1 중화적정

산과 염기를 반응시키면 산의 음이온과 염기의 양이온이 합해져서 염을 생성하고, 수소이온과 수산화이온이 결합하여 물을 만드는데, 이 반응을 중화반응이라고 한다. 가장 대표적인 반응의 예로는 강산인 염산(HCl)과 강염기인 수산화나트륨(NaOH) 사이의 반응이다.

$$HCl + NaOH \rightarrow H_2O + NaCl$$

용액 내에 존재하는 모든 이온이 참여하는 반응식으로 표현한다면 다음과 같다.

$$H^+(aq) + Cl^-(aq) + Na^+(aq) + OH^-(aq) \rightarrow H_2O(\ell) + NaCl$$

중화반응의 알짜이온반응식은 산의 수소이온과 염기의 수산화이온이 반응하여 물이 생성되는 반응이다. 염기의 양이온과 산의 음이온은 중화반응에 직접 참여하지 않으므로 구경꾼이온이다. 알짜이온반응식으로 표현하면

$$H^+(aq) + OH^-(aq) \rightarrow H_2O(L)$$

여기서 염산은 산으로 작용하여 용액 내에 H^+ 이온을 내주며, 수산화나트륨은 염기로 작용하여 용액 내에 OH^- 이온을 준다.

중화반응의 알짜이온반응식에서 H^+ 이온과 OH^- 이온의 계수 비가 1:1이므로 중화반응이 완결되려면 H^+의 몰수와 OH^-의 몰 수가 같아야 한다. 산 또는 염기 1몰이 내놓을 수 있는 H^+ 또는 OH^-의 몰수는 산과 염기의 가수에 따라 달라진다. 산의 가수를 n, 몰 농도를 M이라 하면, 산 Vml 속에 포함된 산의 몰 수는 $\frac{MV}{1000}$이므로 산 VmL 속에 포함된 H^+의 몰수는 $\frac{nMV}{1000}$이다.

염기의 가수를 n′, 몰 농도를 M′라 하면, 염기 V′mL 속에 포함된 염기의 몰수는 $\frac{M'V'}{1000}$이므로 염기 V′mL 속에 포함된 OH^-의 몰 수는 $\frac{n'M'V'}{1000}$이다.

중화반응은 산의 H^+ 몰 수와 염기의 OH^- 몰 수가 같아야 하므로 중화반응이 완결되면 다음과 같은 관계식이 성립한다.

$$nMV = n'M'V'$$

여기서, n, n′ : 산, 염기의 가수
M, M′ : 산, 염기의 몰농도
V, V′ : 산, 염기의 부피

즉, 산과 염기가 완전히 중화하려면 산의 g 당량 수와 염기의 g 당량 수가 같아야 하므로, N_1 농도의 산 V_1(mL)을 완전히 중화시키는데, N_2 농도의 염기 V_2(mL)가 소비되었다면 다음 식이 성립된다.

$$N_1 \times \frac{V_1}{1,000} = N_2 \times \frac{V_2}{1,000}$$

$$\therefore N_1 V_1 = N_2 V_2 \text{(중화적정 공식)}$$

이와 같은 산과 염기의 중화반응을 이용하여 정량하는 방법을 중화적정법 또는 산-염기 적정법이라고 한다.

1. 산, 염기의 구분

① 염기도 : 산 1분자 속에 포함되어 있는 H^+의 수

구분	산	
	강산	약산
1염기산	HCl, HNO_3	CH_3COOH
2염기산	H_2SO_4	H_2CO_3, H_2S
3염기산	H_3PO_4 (중간)	H_3BO_3

② 산도 : 염기의 1분자 속에 포함되어 있는 OH^-의 수

구분	염기	
	강염기	약염기
1산염기	NaOH, KOH	NH_4OH
2산염기	$Ca(OH)_2$, $Ba(OH)_2$	
3산염기		$Fe(OH)_3$

2. g 당량 수 = 규정농도 = $\frac{\text{g당량 수}}{\text{용액 1L}}$ × 용액의 부피 [V(L)]

∴ g 당량 수 = N × V

3. 산, 염기의 당량

① 산의 1 g당량 : 산의 1 g 당량 = $\frac{\text{g분자량}}{\text{염기도(산의 } H^+ \text{ 수)}}$

예) HCl의 1 g 당량 = 36.5 g/1 = 36.5 g

H_2SO_4의 1 g 당량 = 98 g/2 = 49 g

② 염기의 1 g당량 : 염기의 1 g 당량 = $\frac{\text{g분자량}}{\text{산도(산의 } OH^- \text{ 수)}}$

예) NaOH의 1 g 당량 = 40 g/1 = 40 g

$Ca(OH)_2$의 1 g 당량 = 74 g/2 = 37 g

1.1 중화점의 확인

1.1.1 지시약의 이용

산·염기 중화반응의 중화점을 확인하는 가장 간편한 방법은 지시약의 색 변화를 이용하는 것이다.

일반적으로 강한 산과 강한 염기의 적정인 경우는 중화점에서 지시약의 색 변화가 뚜렷하여 중화점을 쉽게 확인할 수 있으나 강한 산과 약한 염기 또는 약한 산과 강한 염기의 적정인 경우는 중화점에서의 액성이 중성이 아니므로 적당한 지시약을 선택해야 한다. 약한 산과 약한 염기의 적정인 경우는 중화점 부근에서 pH의 변화가 작으므로 지시약을 사용하여 중화점을 확인하기 어렵다.

중화적정에서 사용할 수 있는 지시약

중화 반응하는 산과 염기	사용할 수 있는 지시약
강산 + 강염기	메틸오렌지, 페놀프탈레인
약산 + 강염기	페놀프탈레인, 페놀레드
강산 + 약염기	메틸오렌지, 메틸레드
약산 + 약염기	없음

1.1.2 중화열의 이용

산과 염기의 중화반응이 일어날 때는 열이 발생한다.

$$H^+(aq) + OH^-(aq) \rightarrow H_2O(\ell), \quad \Delta H = -57.7\ kJ$$

산과 염기의 중화반응에서 반응하는 수소이온과 수산화이온의 양이 최대인 중화점에서 열이 가장 많이 발생한다. 산이나 염기 일정량을 염기나 산으로 중화시킬 때 처음에는 온도가 급격히 상승하다가 중화점에서 최곳값을 나타내고, 그 이후에는 용액의 양이 많아지므로 서서히 온도가 내려간다. 따라서 온도가 최곳값일 때가 중화점이다.

1.1.3 전기전도도의 이용

1. 강산을 강염기로 중화시키는 경우

중화반응 결과물에 녹지 않는 염이 생기는 경우는 중화반응이 진행됨에 따라 이온의 수가 감소하므로 전류의 세기가 감소하다가 중화점에 도달하면 전류가 거의 흐리지 않게 된다.

2. 강산을 약염기로 중화시키는 경우
   중화점에 도달할 때까지 전류의 세기가 점점 약해지다가 중화점을 지나면 거의 일정하게 유지된다. 이것은 약한 염기의 이온화도가 작기 때문이다.
3. 약산을 강염기로 중화시키는 경우
   중화점에 도달할 때까지 전류의 세기가 서서히 증가하다가 중화점을 지나면 급격하게 증가한다.
4. 약산을 약염기로 중화시키는 경우
   중화점에 도달할 때까지 전류의 세기가 서서히 증가하다가 중화점을 지나면 거의 일정하게 유지된다.

1.2 중화적정곡선

산염기 중화적정에서 가해 준 산 또는 염기의 부피에 따른 용액의 pH 변화를 나타낸 곡선을 중화적정곡선이라고 한다. 이러한 중화적정곡선은 산 · 염기의 세기와 농도에 따라 모양이 달라진다.

1. 강산을 강염기로 적정
   강산을 강염기로 적정하면 중화점에서 pH가 급격히 변화하게 되는데, 그 범위는 약 pH 4에서 pH 10 정도이다. 대부분의 지시약 변색범위가 이 pH 사이에 있기 때문에 이 반응의 경우 중화점을 확인하기 위한 지시약을 선택하기 쉽다. 지시약으로는 메틸오렌지나 페놀프탈레인 등이 이용된다.
2. 약산을 강염기로 적정
   약산을 강염기로 적정하면 중화점에서 pH가 7보다 크다. 따라서 지시약은 변색범위가 염기성 쪽에 있는 페놀프탈레인이 사용된다. 이때 메틸오렌지는 사용할 수 없다.
3. 강산을 약염기로 적정
   강산을 약염기로 적정하면 중화점에서 pH가 7보다 낮다. 이 경우는 지시약의 변색범위가 산성 쪽에 있는 메틸오렌지가 사용된다. 이때 페놀프탈레인은 사용할 수 없다.
4. 약산을 약염기로 적정
   약산을 약염기로 적정하면 중화점에서 pH 변화가 적기 때문에 적당한 지시약이 없다. 따라서 지시약을 이용해서 중화점을 찾는 것은 불가능하며, 중화점에서의 pH는 거의 7이다. 그리고 강산과 강염기의 중화반응이더라도 그 농도가 너무 묽으면 역시 중화점에서의 pH 변화가 크지 않으므로 중화점을 찾기 어렵다. 따라서 보통 001 M~1 M 사이의 용액이 사용된다.

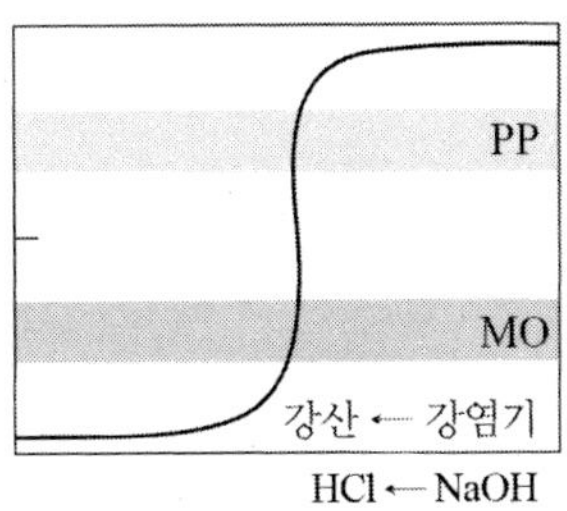

어느 지시약이나 사용 가능

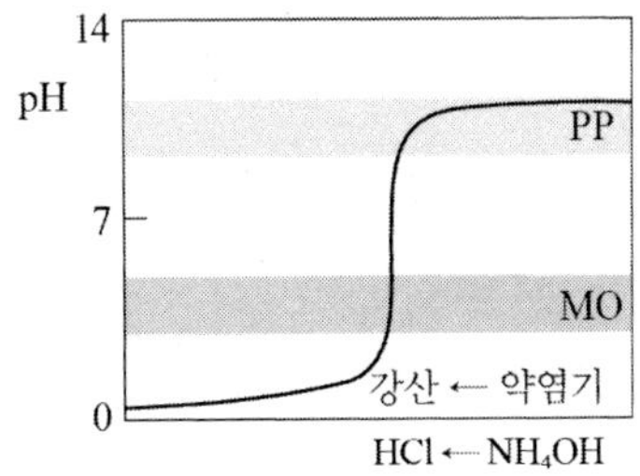

메틸오렌지만 사용 가능

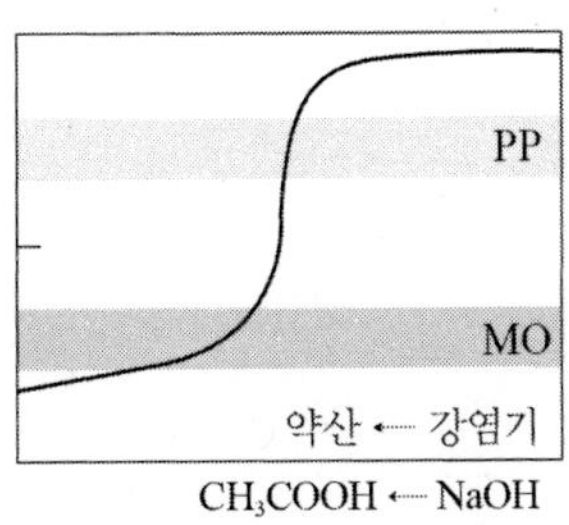

페놀프탈레인만 사용 가능

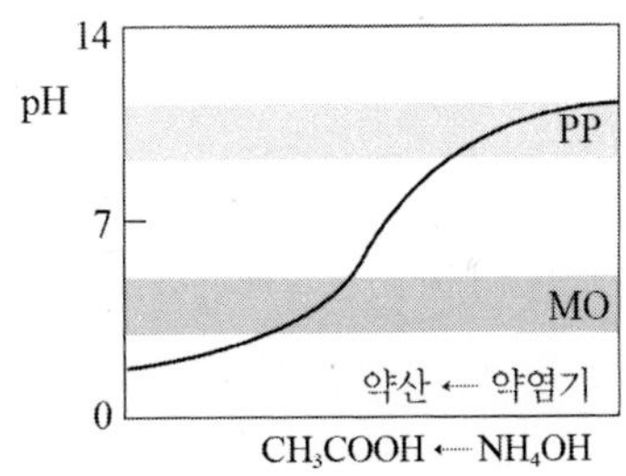

지시약 사용 불가능

실험 1. 0.1 M 수산화나트륨 표준액의 조제 및 표정(중화적정)

1. 실험목적

- 0.1 M 프탈산수소포타슘 표준 용액과 수산화나트륨 용액 사이의 산-염기 중화반응을 이용하여 0.1 M 수산화나트륨 용액의 정확한 몰농도를 결정한다.

2. 실험기구

- 부피플라스크(Volumetric flask), 피펫(Measuring pipette), 피펫필러(Pipette filler), 전자저울(Table balance), 약수저(Spoon), 약포지(Weighing paper), 씻기병(Wash bottle), 깔대기(funnel), 파라필름(Parafilm), 비커(Beaker), 뷰렛(Burette), 클램프(Clamp), 스탠드(Stand)

3. 필요시약

- 수산화나트륨(NaOH) : Sodium hydroxide
- 프탈산수소칼륨(KHP, $KHC_8H_4O_4$) : Potassium acid phthalate)
- 페놀프탈레인($C_{20}H_{14}O_4$) : phenolphthalein
- 에탄올(C_2H_5OH) : Ethanol, ethyl alcohol

4. 실험방법

1) 0.1 M NaOH 용액의 제조
   ① 0.1 M NaOH 용액 250 mL를 제조하기 위해 필요한 양을 계산한다.
   ② 250 mL 부피플라스크에 증류수를 1/4 정도 넣는다.
   ③ 계산된 양의 NaOH를 부피플라스크에 넣고 잘 섞어준다.
   ④ 부피플라스크의 표선까지 증류수를 넣는다.
   ⑤ 부피플라스크를 막고 라벨링을 한다.

2) 0.1 M KHP 용액의 제조

① 0.1 M KHP 용액 250 mL를 제조하기 위해 필요한 양을 계산한다.

② 250 mL 부피플라스크에 증류수를 1/4 정도 넣는다.

③ 계산된 양의 KHP를 부피플라스크에 넣고 잘 섞어준다.

④ 부피플라스크의 표선까지 증류수를 넣는다.

⑤ 부피플라스크를 막고 라벨링을 한다.

3) 페놀프탈레인 지시약 제조

① 페놀프탈레인 0.1 g을 에탄올(95%) 9 mL에 녹인 후 총 양이 100 mL가 되도록 증류수를 채운다.

4) 0.1 M NaOH 용액의 표정

① 0.1 M NaOH을 뷰렛에 채운다.

② 0.1 M KHP 용액 20 mL를 비커에 취한다.

③ 페놀프탈레인 1~2방울을 넣는다.

④ 0.1 M NaOH 용액을 비커의 용액이 분홍색으로 변할 때까지 가한다.

⑤ 위의 과정을 3번 반복한다.

⑥ 측정결과를 분석하여 0.1 M NaOH 용액의 정확한 농도를 계산한다.

5. 유의사항

- 실험을 하기 전 실험실의 환기를 반드시 한다.
- 강한 산을 이용하기 때문에 조심하여야 한다.
- 반드시 제조한 표준용액은 라벨을 붙여 보관한다.
- 사용한 실험기구는 실험시간 종료 전 세척을 마무리한다(이때 반드시 세제를 이용!).

실험 결과

1. Title(제목) :

2. Date(일자) :

3. Purpose(목적)

4. Reagents(시약)

영문명	국문명	성상	화학식	M.W.(몰질량) (g/mol)	m.p(녹는점) (℃)	b.p(끓는점) (℃)	d(밀도) (g/mL)

그림 1. 실험에 사용한 시약

5. Apparatus(실험기구)

그림 2. 실험기구

6. Procedure(실험과정)

7. Observation & Result

1) 0.1 M NaOH 250 mL 제조
   - 필요한 양 :
     (계산식)

   - 실험에 사용된 NaOH의 무게(양)

2) 0.1 M KHP 250 mL 제조

- 필요한 양 :

  (계산식)

- 실험에 사용된 KHP의 무게(양)

3) 적정에 소비된 NaOH의 양

측정항목	실험측정값		
	1st	2st	3st
용액의 적정량(V) mL			
- 시작점 뷰렛눈금			
- 종말점 뷰렛눈금			

4) 0.1 M NaOH의 역가

그림 3. 실험사진

5) 0.2 M NaOH 용액 250 mL를 만들기 위해 필요한 NaOH의 양은 얼마인가?

6) 2 M KHP용액 20 mL를 이용하여 미표정된 NaOH 용액을 적정하였더니, NaOH 용액이 25 mL 소모되었다. 이 때 NaOH 용액의 농도는 얼마인가?

8. 느낀 점 및 주의사항

실험 2. 0.1 N 탄산나트륨 표준액의 조제(중화적정)

1. 실험목적

• 무수탄산나트륨을 정확하게 달아서 물에 용해하여 일정 부피로 하여 0.1 N 탄산나트륨 표준액(1차표준액)을 조제한다.

2. 실험기구

• 부피플라스크(Volumetric flask), 피펫(Measuring pipette), 피펫필러(Pipette filler), 전자저울(Table balance), 약수저(Spoon), 약포지(Weighing paper), 씻기병(Wash bottle), 깔대기(funnel), 파라필름(Parafilm)

3. 필요시약

• 무수탄산나트륨(Na_2CO_3) : Sodium carbonate

4. 실험방법

1) 0.1 N Na_2CO_3 용액 500 mL를 제조하기 위해 필요한 양을 계산한다.
2) 500 mL 부피플라스크에 증류수를 1/4 정도 넣는다.
3) 계산된 양의 Na_2CO_3를 부피플라스크에 넣고 잘 섞어준다.
4) 부피플라스크의 표선까지 증류수를 넣는다.
5) 부피플라스크를 막고 라벨링을 한다.

5. 유의사항

• 실험을 하기 전 실험실의 환기를 반드시 한다.
• 반드시 제조한 표준용액은 라벨을 붙여 보관한다.
• 사용한 실험기구는 실험시간 종료 전 세척을 마무리한다(이때 반드시 세제를 이용!).

실험 결과

1. Title(제목) :

2. Date(일자) :

3. Purpose(목적)

4. Reagents(시약)

영문명	국문명	성상	화학식	M.W.(몰질량) (g/mol)	m.p(녹는점) (℃)	b.p(끓는점) (℃)	d(밀도) (g/mL)

그림 1. 실험에 사용한 시약

5. Apparatus(실험기구)

그림 2. 실험기구

6. Procedure(실험과정)

7. Observation & Result

1) 0.1 N Na_2CO_3 500 mL 제조
   - 필요한 양 :
     (계산식)

   - 실험에 사용된 Na_2CO_3의 무게(양)

그림 3. 실험사진

2) Na_2CO_3 1몰은 몇 g인가? 또 1당량은 얼마인가?

3) 0.05N Na_2CO_3표준용액 100 mL를 조제하려면 Na_2CO_3 몇 g이 필요한가?

4) 0.1 M 용액 1 L 속에는 용질이 (   )몰 포함되어 있고, 2 L에는 (   )몰이 포함되어 있다.

8. 느낀 점 및 주의사항

실험 3. 0.1 N 염산 표준액의 조제 및 표정(중화적정)

1. 실험목적

• 0.1 N의 염산을 조제하고, 0.1 N의 탄산나트륨 표준액으로 표정한다.

2. 실험기구

• 부피플라스크(Volumetric flask), 피펫(Measuring pipette), 피펫필러(Pipette filler), 전자저울(Table balance), 약수저(Spoon), 약포지(Weighing paper), 씻기병(Wash bottle), 깔대기(funnel), 파라필름(Parafilm), 비커(Beaker), 뷰렛(Burette), 클램프(Clamp), 스탠드(Stand)

3. 필요시약

• 0.1 N 무수탄산나트륨(Na_2CO_3) 용액 : Sodium carbonate
• 메틸오렌지(methylorange)
• 염산(HCl) : Hydrochloric acid

4. 실험방법

1) 0.1 N HCl 용액 500 mL를 제조
   ① 0.1 N HCl 용액 500 mL를 제조하기 위해 필요한 양을 계산한다.
   ② 500 mL 부피플라스크에 증류수를 1/4 정도 넣는다.
   ③ 계산된 양의 HCl를 부피플라스크에 넣고 잘 섞어준다.
   ④ 부피플라스크의 표선까지 증류수를 넣는다.
   ⑤ 부피플라스크를 막고 라벨링을 한다.

2) 0.1% 메틸오렌지 지시약 제조

① 0.1% 메틸오렌지 용액 100 mL를 만들기 위해 필요한 양을 계산한다
② 100 mL 부피플라스크에 증류수를 1/4 정도 넣는다.
③ 계산된 양의 메틸오렌지를 부피플라스크에 넣고 잘 섞어준다.
④ 부피플라스크의 표선까지 증류수를 넣는다.
⑤ 부피플라스크를 막고 라벨링을 한다.

3) 0.1 N HCl 용액의 표정

① 뷰렛을 0.1 N HCl 용액으로 채운다.
② 0.1 N Na_2CO_3 용액을 50 mL를 피펫으로 취해서 비커(삼각플라스크)에 넣는다.
③ 용액이 들어 있는 비커에 메틸오렌지 2~3방울을 넣는다.
④ 0.1 N HCl 용액을 비커의 용액이 노란색에서 붉은색으로 변할 때까지 가한다.
⑤ 위의 과정을 3번 반복한다.
⑥ 측정결과를 분석하여 오차를 검정한다.

5. 유의사항

- 실험을 하기 전 실험실의 환기를 반드시 한다.
- 강한 산을 이용하기 때문에 조심하여야 한다.
- 반드시 제조한 표준용액은 라벨을 붙여 보관한다.
- 사용한 실험기구는 실험시간 종료 전 세척을 마무리한다(이때 반드시 세제를 이용!).

실험 결과

1. Title(제목) :

2. Date(일자) :

3. Purpose(목적)

4. Reagents(시약)

영문명	국문명	성상	화학식	M.W.(몰질량) (g/mol)	m.p(녹는점) (℃)	b.p(끓는점) (℃)	d(밀도) (g/mL)

그림 1. 실험에 사용한 시약

5. Apparatus(실험기구)

그림 2. 실험기구

6. Procedure(실험과정)

7. Observation & Result

1) 0.1 N HCl 500 mL 제조
   - 필요한 양:
     (계산식)

   - 실험에 사용된 HCl의 무게(양)

2) 0.1% 메틸오렌지 100 mL 제조

- 필요한 양 :

(계산식)

- 실험에 사용된 메틸오렌지의 무게(양)

3) 적정에 소비된 HCl의 양

측정항목	실험측정값		
	1st	2st	3st
용액의 적정량(V) mL			
- 시작점 뷰렛눈금			
- 종말점 뷰렛눈금			

4) 0.1 N HCl의 역가

그림 3. 실험사진

5) Na_2CO_3 1 g에 상당하는 1 N HCl의 부피는?

6) 3 M의 HCl 용액 500 mL를 만들기 위하여 사용하여야 할 c-HCl의 부피는 얼마인가?

8. 느낀 점 및 주의사항

실험 4. 0.1 N 수산화나트륨 표준액의 조제 및 표정(중화적정)

1. 실험목적

- 0.1 N의 수산화나트륨 용액을 조제하고, 0.1 N의 염산 표준용액 사이의 산-염기 중화 반응을 이용해서 0.1 N 수산화나트륨 용액의 정확한 노르말농도를 결정한다.

2. 실험기구

- 부피플라스크(Volumetric flask), 피펫(Measuring pipette), 피펫필러(Pipette filler), 전자저울(Table balance), 약수저(Spoon), 약포지(Weighing paper), 씻기병(Wash bottle), 깔대기(funnel), 파라필름(Parafilm), 비커(Beaker), 뷰렛(Burette), 클램프(Clamp), 스탠드(Stand)

3. 필요시약

- 염산(HCl) : Hydrochloric acid
- 메틸오렌지(methylorange)
- 수산화나트륨(NaOH) : Sodium hydroxide
- 무수탄산나트륨(Na_2CO_3) : Sodium carbonate
- 페놀프탈레인($C_{20}H_{14}O_4$) : phenolphthalein
- 에탄올(C_2H_5OH) : Ethanol, ethyl alcohol

4. 실험방법

1) 0.1 N HCl 용액 250 mL를 제조

① 0.1 N HCl 용액 250 mL를 제조하기 위해 필요한 양을 계산한다.

② 250 mL 부피플라스크에 증류수를 1/4 정도 넣는다.

③ 계산된 양의 HCl를 부피플라스크에 넣고 잘 섞어준다.
④ 부피플라스크의 표선까지 증류수를 넣는다.
⑤ 부피플라스크를 막고 라벨링을 한다.

2) 0.1% 메틸오렌지 지시약 제조

① 0.1% 메틸오렌지 용액 100 mL를 만들기 위해 필요한 양을 계산한다.
② 100 mL 부피플라스크에 증류수를 1/4 정도 넣는다.
③ 계산된 양의 메틸오렌지를 부피플라스크에 넣고 잘 섞어준다.
④ 부피플라스크의 표선까지 증류수를 넣는다.
⑤ 부피플라스크를 막고 라벨링을 한다.

3) 0.1 N NaOH 용액의 제조

① 0.1 N NaOH 용액 250 mL를 제조하기 위해 필요한 양을 계산한다.
② 250 mL 부피플라스크에 증류수를 1/4 정도 넣는다.
③ 계산된 양의 NaOH를 부피플라스크에 넣고 잘 섞어준다.
④ 부피플라스크의 표선까지 증류수를 넣는다.
⑤ 부피플라스크를 막고 라벨링을 한다.

4) 페놀프탈레인 지시약 제조

① 페놀프탈레인 0.1 g을 에탄올(95%) 9 mL에 녹인 후 총 양이 100 mL가 되도록 증류수를 채운다.

(5) 0.1 N HCl 용액의 표정

① Na_2CO_3 0.1 g을 정확히 칭량한 후 증류수 50 mL에 녹인다.
② 용액이 들어 있는 비커에 메틸오렌지 1~2방울을 넣는다.
③ 뷰렛을 0.1 N HCl 용액으로 채운다.
④ 0.1 N HCl 용액을 비커의 용액이 노란색에서 붉은색으로 변할 때까지 가한다.
⑤ 위의 과정을 3번 반복한다.
⑥ 측정결과를 분석하여 0.1 N HCl 용액의 정확한 농도를 계산한다.

6) 0.1 N NaOH 용액의 표정

① 4)에서 정확한 농도를 확인 0.1 N HCl 용액 20 mL를 비커(삼각플라스크)에 취한다.

② 용액이 들어 있는 비커에 페놀프탈레인 2~3방울을 넣는다.

③ 뷰렛을 0.1 N NaOH 용액으로 채운다.

④ 0.1 N NaOH 용액을 비커의 용액이 분홍색으로 변할 때까지 가한다.

⑤ 위의 과정을 3번 반복한다.

⑥ 측정결과를 분석하여 0.1 N HCl 용액의 정확한 농도를 계산한다.

5. 유의사항

- 실험을 하기 전 실험실의 환기를 반드시 한다.
- 강한 산을 이용하기 때문에 조심하여야 한다.
- 반드시 제조한 표준용액은 라벨을 붙여 보관한다.
- 사용한 실험기구는 실험시간 종료 전 세척을 마무리한다(이때 반드시 세제를 이용!).

실험 결과

1. Title(제목) :

2. Date(일자) :

3. Purpose(목적)

4. Reagents(시약)

영문명	국문명	성상	화학식	M.W.(몰질량) (g/mol)	m.p(녹는점) (℃)	b.p(끓는점) (℃)	d(밀도) (g/mL)

그림 1. 실험에 사용한 시약

5. Apparatus(실험기구)

그림 2. 실험기구

6. Procedure(실험과정)

7. Observation & Result

1) 0.1 N HCl 250 mL 제조

- 필요한 양 :

(계산식)

- 실험에 사용된 HCl의 무게(양)

2) 0.1% 메틸오렌지 100 mL 제조

- 필요한 양 :

(계산식)

- 실험에 사용된 메틸오렌지의 무게(양)

3) 0.1 N NaOH 250 mL 제조

- 필요한 양 :

(계산식)

- 실험에 사용된 NaOH의 무게(양)

4) 적정에 소비된 HCl의 양

측정항목	실험측정값		
	1st	2st	3st
용액의 적정량(V) mL			
- 시작점 뷰렛눈금			
- 종말점 뷰렛눈금			

5) 0.1 N HCl의 역가

6) 적정에 소비된 NaOH의 양

측정항목	실험측정값		
	1st	2st	3st
용액의 적정량(V) mL			
- 시작점 뷰렛눈금			
- 종말점 뷰렛눈금			

7) 0.1 N NaOH의 역가

8) 0.12 N HCl 20 mL를 미표정된 0.1 N NaOH 용액으로 적정하였더니 21.6 mL가 소모되었다면 NaOH 용액의 정확한 농도는 몇 N인가? 또 농도계수(역가)는 얼마인가?

9) 1몰의 양성자를 받아들일 수 있는 염기의 양은 1당량이라고 한다. 1당량의 NaOH는 (　　　　)몰의 NaOH와 같다.

10) 3M의 HCl 용액 500 mL를 만들기 위하여 사용하여야 할 c-HCl의 부피는 얼마인가?

8. 느낀 점 및 주의사항

2 침전적정

용액에서 가장 흔하게 발생되는 반응의 형태는 침전반응(precipitation reaction)이다. 이는 반응물로 참여하는 이온 상태의 양이온과 음이온이 서로 반응하여 불용성 침전물(precipitate, 이온성 화합물)을 형성하는 반응이다. 가장 일반적인 예로는 질산은과 염화구리(Ⅱ)가 반응하여 백색 침전인 염화은이 형성되는 반응이다.

$$2AgNO_3 + CuCl_2 \rightarrow 2AgCl + 2Cu(NO_3)_2$$

이 반응에서 실제로 일어나는 반응은 이온들이 참여하므로 용액 내에 존재하는 모든 이온을 나타내면 다음과 같다.

$$2Ag^+(aq) + 2NO_3^-(aq) + Cu^{2+}(aq) + 2Cl^-(aq)$$
$$\rightarrow 2AgCl(s)\downarrow + Cu^{2+}(aq) + 2NO_3^-(aq)$$

이때 구리이온(Cu^{2+})과 질산이온(NO_3^-)은 실제 침전형성에 관여하지 않는 이온으로 이를 구경꾼이온(spectator ion)이라 하며, 실제 침전이 형성되는 이온들만을 보여주는 반응을 알짜이온반응식(net ionic equation)이라 부른다.

$$\text{알짜이온반응식}\ Ag^+(aq) + Cl^-(aq) \rightarrow AgCl(s)$$

침전적정은 침전의 발생, 소멸을 이용하는 적정이지만, 일반적으로 침전 생성반응을 이용하는 경우가 많다. 정량하여야 할 이온과 화학양론적으로 반응하여 난용성 침전을 부여하는 물질을 적정제로 하여 그 표준액을 사용하여 적정한다. 생기는 침전의 용해도 곱이 작을수록 당량점 부근에서의 이온 농도의 변화는 급격하고 정확한 결과가 얻어진다. 조작이 비교적 간단하고, 신속히 정량할 수 있지만 반응의 종점을 확인하는 방법이 적기 때문에 이용되는 침전반응은 한정되어 있다.

표준액으로서 $AgNO_3$, NaCl, NH_4SCN 또는 KSCN을 사용하는 방법이 대표적이다.

분석 원소는 거의 할로겐 원소로 한정되어 있다.

2.1 모아법(Mohr method)

$AgNO_3$ 표준액으로 Cl^-를 정량하는 경우 지시약으로 크롬산칼륨 용액을 사용하는 방법을 모아법이라고 한다. 예를 들어 NaCl 용액에 K_2CrO_4 용액을 소량 가해 놓고 $AgNO_3$ 표준액을 적가하면 크롬산은의 용해도가 염화은보다 크기 때문이다. Cl^-가 염화은의 백색 침전으로 침전한 후에 $AgNO_3$ 표준액에 의해서 크롬산은의 적갈색 침전이 생기므로 이 점을 종말점으로 한다.

$$Ag^+ + Cl^- \rightarrow AgCl\downarrow \text{(용해도 } 1.9 \times 10^{-3}\text{g/l, 25℃)}$$
$$2Ag^+ + CrO_4^{2-} \rightarrow Ag_2CrO_4\downarrow \text{(용해도 } 2.9 \times 10^{-2}\text{g/l, 25℃)}$$

모아법은 가장 널리 사용되고 있는 방법으로서 Cl^-, Br^-, I^-, CN^-, SCN^-, S^{2-}등의 적정에 사용되고 있다.

이 방법은 액성이 거의 중성(pH 6～10)이 되지 않으면 안 되므로 용액이 산성일 때는 $NaHCO_3$로 중화하고, 알칼리성일 때는 HNO_3로 중화시킨 후 적정해야 한다.

2.2 파이안스법(Fajans method)

할로겐화물 이온, 티오시안산 이온 등을 질산은 용액에 의해 적정하고 종말점을 프루오레세인나트륨 용액(우라닌 용액) 등의 흡착지시약을 이용하여 확인하는 방법을 말한다. 예를 들면 NaCl 용액에 흡착지시약을 가하고 $AgNO_3$ 표준액을 적가하면 AgCl의 침전이 생성되지만, 이 콜로이드 입자는 당량점에 도달하면 급격하게 지시약을 흡착하여 적색으로 된다. 이것은 침전의 착색이지 용액의 색은 아니다(보통 프루오레세인나트륨 용액을 가하면 용액은 강한 황록색의 형광을 나타낸다).

침전이 착색하는 이유는 다음과 같이 설명된다.

당량점에 도달하기까지 생성한 AgCl의 침전은 용액 중에 남아 있는 Cl^-를 흡착하여 부전하를 띠고, 이것이 다시 양이온을 약하게 흡착하고 있다[(AgCl침전)Cl^-](양이온).

당량점에서는 이 Cl^-도 Ag^+에 의해서 AgCl로 된다.

당량점에 넘어서면 Ag^+이 많아지므로 AgCl 침전은 Ag^+을 흡착하여 정전하를 띠고, 이것이 다시 음이온을 흡착하게 된다.

프루오레세인나트륨 NaFL(Na^+FL^-)으로 생략해서 나타내면 색소음이온 FL^-은 다른 음이온보다 흡착되기 쉽기 때문에 흡착되어서 침전은 적색으로 착색된다[(AgCl 침전)Ag^+](FL^-).

보통 프루오레세인은 중성이 아닌 pH 7～10 범위의 약알칼리성 용액 중에서 지시약으로 유효하다.

Cl^-, Br^-, I^-, CN^-, SCN^-등의 적정에 사용되고 있다.

2.3 볼하드법(Volhard method)

은 이온을 티오시안산염의 표준액을 사용하여 적정하고 종말점을 철(Ⅲ) 이온 지시약을 사용하여 검지하는 방법을 말한다. 예를 들면 $AgNO_3$ 용액에 지시약으로 Fe^{3+}(철명반 용액)을 가하고, 초산성에서 티오시안산칼륨(KSCN) 표준액을 적가하면 티오시안산은의 백색 침전이 전부 생긴 뒤에 티오시안산철(Ⅲ)이 생성하여 적색을 띈다.

보통 이 적색은 25℃ 이상에서는 퇴색하므로 적정온도에 주의할 필요가 있다.

$$AgNO_3 + KSCN \rightarrow AgSCN\downarrow + KNO_3$$

$$Fe_2(SO_4)_3 + KSCN \rightarrow 2Fe(SCN)_3(\text{적색, 가용성}) + 2K_2SO_4$$

이처럼 지시약으로 철(Ⅲ)염 용액을 사용하는 방법을 볼하드법이라고 한다.

이 방법은 KSCN(또는 NH_4SCN) 표준액을 사용하는 적정법이므로 티오시안산염 적정이라고도 한다.

볼하드법은 산성 용액에서 직접 은염을 적정 가능할 뿐만 아니라, 간접적으로 염화물이온 등의 적정도 가능하다. 이를테면 Cl^-용액에 과잉의 $AgNO_3$ 용액을 가하고 과잉의 Ag^+을 상기의 방법으로 적정(역적정)한다.

2.3.1 직접법

Ag^+을 SCN^-로 적정하는 경우 철명반을 지시약으로 사용하는 방법이며, 종말점에서는 SCN^-와 Fe^{3+}과 반응하여 rhodan 철을 형성하는데 이것은 반응이 예민하여 미량의 SCN^-에 대해서도 용액의 색깔이 붉게 변한다.

$$Ag^+ + SCN^- \rightarrow AgSCN$$

$$SCN^- + Fe^{3+} \rightarrow Fe(SCN)^{2+}$$

2.3.2 간접법

Cl^-을 함유하는 시료 용액에 과량은 $AgNO_3$ 표준용액을 가하여 반응시킨 다음 남은 Ag^+을 SCN^- 표준용액으로 역적정하는 방법이다. 이때 지시약으로 $Fe(SCN)^{2+}$을 사용한다.

$$Cl^- + Ag^+(\text{과량}) \rightarrow AgCl + Ag^+(\text{남은 양})$$

$$Ag^+(\text{남은 양}) + SCN^- \rightarrow AgSCN$$

$$SCN^- + Fe^{3+} \rightarrow Fe(SCN)^{2+}$$

이 방법은 산성 용액에서 적정하는데 주로 HNO_3를 사용한다. 만약 H_2SO_4나 HCl을 사용할 경우, 이들 산이 Ag^+와 반응하여 불용성의 침전을 생성하므로 오차의 원인이 된다.

실험 1. 0.01 N 질산은 표준액의 조제와 표정(침전적정)

1. 실험목적

- 0.01 N의 염화나트륨 표준액(1차 표준액)을 조제한다.
- 0.01 N의 질산은 용액을 조제한다.
- 0.01 N의 질산은 용액을 0.01 N 염화나트륨 표준액을 사용하여 표정을 함으로써 침전이 생성 또는 소멸되는 반응을 이용해서 목적성분을 정량하는 방법을 이해한다.

2. 실험기구

- 부피플라스크(Volumetric flask), 피펫(Measuring pipette), 피펫필러(Pipette filler), 전자저울(Table balance), 약수저(Spoon), 약포지(Weighing paper), 씻기병(Wash bottle), 깔대기(funnel), 파라필름(Parafilm), 비커(Beaker), 뷰렛(Burette), 클램프(Clamp), 스탠드(Stand)

3. 필요시약

- 질산은($AgNO_3$) : Silver nitrate
- 염화나트륨 (NaCl) : Sodium chloride
- 크롬산칼륨(K_2CrO_4) : Potassium chromate

4. 실험방법

1) 0.01 N $AgNO_3$용액 500 mL를 제조

① 0.01 N $AgNO_3$ 용액 500 mL를 제조하기 위해 필요한 양을 계산한다.

② 500 mL 부피플라스크에 증류수를 1/4 정도 넣는다.

③ 계산된 양의 $AgNO_3$를 부피플라스크에 넣고 잘 섞어준다.

④ 부피플라스크의 표선까지 증류수를 넣는다.

⑤ 부피플라스크를 막고 라벨링을 한다.

2) 0.01 N NaCl 용액 250 mL를 제조

① 0.01 N NaCl 용액 250 mL를 제조하기 위해 필요한 양을 계산한다.

② 250 mL 부피플라스크에 증류수를 1/4 정도 넣는다.

③ 계산된 양의 NaCl를 부피플라스크에 넣고 잘 섞어준다.

④ 부피플라스크의 표선까지 증류수를 넣는다.

⑤ 부피플라스크를 막고 라벨링을 한다.

3) 5% 크롬산칼륨 지시약 제조

① 5% K_2CrO_4 용액 100 mL를 만들기 위해 필요한 양을 계산한다

② 100 mL 부피플라스크에 증류수를 1/4 정도 넣는다.

③ 계산된 양의 K_2CrO_4를 부피플라스크에 넣고 잘 섞어준다.

④ 부피플라스크의 표선까지 증류수를 넣는다.

⑤ 부피플라스크를 막고 라벨링을 한다.

4) 0.01 N $AgNO_3$용액의 표정

① 뷰렛을 0.1 N $AgNO_3$ 용액으로 채운다.

② 0.01 N NaCl 용액을 25 mL를 피펫으로 취해서 비커(삼각플라스크)에 넣는다.

③ 용액이 들어 있는 비커에 K_2CrO_4 1 mL를 넣는다.

④ 0.01 N $AgNO_3$ 용액을 비커의 용액이 (황)백색 혼탁액에서 적갈색으로 변할 때까지 가한다.

⑤ 위의 과정을 3번 반복한다.

⑥ 측정결과를 분석하여 오차를 검정한다.

5) 바탕실험

① 뷰렛을 0.01 N $AgNO_3$ 용액으로 채운다.

② 증류수 25 mL를 비커(삼각플라스크)에 취한다.

③ 증류수가 들어 있는 비커에 K_2CrO_4 1 mL를 넣는다.

④ 0.01 N $AgNO_3$ 용액을 비커의 용액이 (황)백색 혼탁액에서 적갈색으로 변할 때까지 가한다.

5. 유의사항

- 실험을 하기 전 실험실의 환기를 반드시 한다.
- 강한 산을 이용하기 때문에 조심하여야 한다.
- 반드시 제조한 표준용액은 라벨을 붙여 보관한다.
- 사용한 실험기구는 실험시간 종료 전 세척을 마무리한다(이때 반드시 세제를 이용!).

실험 결과

1. Title(제목) :

2. Date(일자) :

3. Purpose(목적)

4. Reagents(시약)

영문명	국문명	성상	화학식	M.W.(몰질량) (g/mol)	m.p(녹는점) (℃)	b.p(끓는점) (℃)	d(밀도) (g/mL)

그림 1. 실험에 사용한 시약

5. Apparatus(실험기구)

그림 2. 실험기구

6. Procedure(실험과정)

7. Observation & Result

(1) 0.01 N $AgNO_3$ 500 mL 제조

- 필요한 양 :

  (계산식)

- 실험에 사용된 $AgNO_3$의 무게(양)

2) 0.01 N NaCl 250 mL 제조

- 필요한 양 :

  (계산식)

- 실험에 사용된NaCl의 무게(양)

3) 5% K_2CrO_4 100 mL 제조

- 필요한 양 :

  (계산식)

- 실험에 사용된 K_2CrO_4의 무게(양)

4) 적정에 소비된 $AgNO_3$의 양

측정항목	실험측정값		
	1st	2st	3st
용액의 적정량(V) mL			
- 시작점 뷰렛눈금			
- 종말점 뷰렛눈금			

5) 바탕실험에서 사용된 $AgNO_3$의 양

6) 0.01 N $AgNO_3$의 역가

그림 3. 실험사진

7) NaCl 0.58 g을 증류수 500 mL에 용해시킨 후 이 용액 20 mL를 취하여 미표정의 0.1 N $AgNO_3$ 표준용액으로 적정 하였더니 20 mL가 소모되었다. NaCl의 규정농도와 0.1 N $AgNO_3$ 용액의 역가는 얼마인가?

8. 느낀 점 및 주의사항

실험 2. 0.01 N 질산은 표준액의 조제와 표정(침전적정)

1. 실험목적

- 0.01 N의 질산은 용액을 0.01 N 염화나트륨 표준액과 흡착지시약을 사용하여 표정을 함으로써 침전이 생성 또는 소멸되는 반응을 이용해서 목적성분을 정량하는 방법을 이해한다.

2. 실험기구

- 부피플라스크(Volumetric flask), 피펫(Measuring pipette), 피펫필러(Pipette filler), 전자저울(Table balance), 약수저(Spoon), 약포지(Weighing paper), 씻기병(Wash bottle), 깔대기(funnel), 파라필름(Parafilm), 비커(Beaker), 뷰렛(Burette), 클램프(Clamp), 스탠드(Stand)

3. 필요시약

- 질산은($AgNO_3$) : Silver nitrate
- 염화나트륨 (NaCl) : Sodium chloride
- 프루오레세인나트륨($C_{20}H_{12}O_5Na_2$) : Fluorescein sodium

4. 실험방법

1) 0.01 N $AgNO_3$용액 250 mL를 제조
   ① 0.01 N $AgNO_3$ 용액 250 mL를 제조하기 위해 필요한 양을 계산한다.
   ② 250 mL 부피플라스크에 증류수를 1/4 정도 넣는다.
   ③ 계산된 양의 $AgNO_3$를 부피플라스크에 넣고 잘 섞어준다.
   ④ 부피플라스크의 표선까지 증류수를 넣는다.
   ⑤ 부피플라스크를 막고 라벨링을 한다.

2) 0.01 N NaCl 용액 250 mL를 제조

① 0.01 N NaCl 용액 250 mL를 제조하기 위해 필요한 양을 계산한다.

② 250 mL 부피플라스크에 증류수를 1/4 정도 넣는다.

③ 계산된 양의 NaCl를 부피플라스크에 넣고 잘 섞어준다.

④ 부피플라스크의 표선까지 증류수를 넣는다.

⑤ 부피플라스크를 막고 라벨링을 한다.

3) 0.2% 프루오레세인나트륨 지시약 제조

① 0.2% 프루오레세인나트륨 용액 50 mL를 만들기 위해 필요한 양을 계산한다

② 50 mL 부피플라스크에 증류수를 1/4 정도 넣는다.

③ 계산된 양의 프루오레세인나트륨을 부피플라스크에 넣고 잘 섞어준다.

④ 부피플라스크의 표선까지 증류수를 넣는다.

⑤ 부피플라스크를 막고 라벨링을 한다.

4) 0.01 N $AgNO_3$ 용액의 표정

① 뷰렛을 0.01 N $AgNO_3$ 용액으로 채운다.

② 0.01 N NaCl 용액을 25 mL를 피펫으로 취해서 비커(삼각플라스크)에 넣는다.

③ 용액이 들어 있는 비커에 0.2% 프루오레세인나트륨 용액 2~3방울 넣는다.

④ 0.01 N $AgNO_3$ 용액을 비커의 용액이 황록색 형광에서 담홍색 침전이 될 때까지 가한다.

⑤ 위의 과정을 3번 반복한다.

⑥ 측정결과를 분석하여 오차를 검정한다.

5) 바탕실험

① 뷰렛을 0.01 N $AgNO_3$ 용액으로 채운다.

② 증류수 25 mL를 비커(삼각플라스크)에 취한다.

③ 증류수가 들어 있는 비커에 프루오레세인나트륨 용액 2~3방울 넣는다.

④ 0.01 N $AgNO_3$ 용액을 비커의 용액이 황록색 형광에서 담홍색 침전이 될 때까지 가한다.

5. 유의사항

- 실험을 하기 전 실험실의 환기를 반드시 한다.
- 강한 산을 이용하기 때문에 조심하여야 한다.
- 반드시 제조한 표준용액은 라벨을 붙여 보관한다.
- 사용한 실험기구는 실험시간 종료 전 세척을 마무리한다(이때 반드시 세제를 이용!).

실험 결과

1. Title(제목) :

2. Date(일자) :

3. Purpose(목적)

4. Reagents(시약)

영문명	국문명	성상	화학식	M.W.(몰질량) (g/mol)	m.p(녹는점) (℃)	b.p(끓는점) (℃)	d(밀도) (g/mL)

그림 1. 실험에 사용한 시약

5. Apparatus(실험기구)

그림 2. 실험기구

6. Procedure(실험과정)

7. Observation & Result

1) 0.01 N $AgNO_3$ 250 mL 제조
   - 필요한 양 :
     (계산식)

   - 실험에 사용된 $AgNO_3$의 무게(양)

2) 0.01 N NaCl 250 mL 제조
   - 필요한 양 :
     (계산식)

   - 실험에 사용된 NaCl의 무게(양)

3) 0.2% 프루오르레세인나트륨 50 mL 제조

- 필요한 양 :

(계산식)

- 실험에 사용된 프루오르레세인나트륨의 무게(양)

4) 적정에 소비된 $AgNO_3$의 양

측정항목	실험측정값		
	1st	2st	3st
용액의 적정량(V) mL			
- 시작점 뷰렛눈금			
- 종말점 뷰렛눈금			

5) 바탕실험에서 사용된 $AgNO_3$의 양

6) 0.01 N $AgNO_3$의 역가

그림 3. 실험사진

7) 0.1 N $AgNO_3$(f=1.06) 표준용액 250 mL가 있다. $AgNO_3$ 몇 g을 함유하고 있는가?

8) 0.1 N NaCl 20 mL는 2N $AgNO_3$ 몇 mL와 반응하는가?

8. 느낀 점 및 주의사항

3 산화 – 환원 적정

산화 – 환원 반응은 두 반응물 사이에 전자의 교환이 일어나는 반응이다. 산화는 전자를 잃는 (산화수가 증가하는) 반응을 말하고, 환원은 전자를 얻는(산화수가 감소하는) 반응을 말한다.

산화 – 환원 반응에서 어떤 원자가 전자를 방출하면 방출한 전자 수만큼 원자의 산화수가 증가하고 반면에 전자를 받으면 원자는 받은 전자 수만큼 산화수가 감소한다. 따라서 방출전자 수와 얻은 전자 수가 같으므로 산화 – 환원 반응은 반드시 동시에 일어난다.

산화제(oxidation agent)는 자신이 쉽게 환원되면서 다른 물질을 산화시키는 성질이 강한 물질을 말하며, 다음과 같은 조건이 필요하다.

① 발생기산소를 내기 쉬운 물질

② 전기음성도가 큰 비금속 단체

③ 표준환원 전위값이 아주 큰 물질

④ 전자를 얻기 쉬운 물질

⑤ 강한 산화제는 산화력 또는 산화성이 크다는 표현을 쓴다.

중요한 산화제와 반쪽 반응식

산화제	반쪽 반응식
F_2	$F_2 + 2e^- \rightarrow 2F^-$
H_2O_2	$H_2O_2 + 2H^+ + 2e^- \rightarrow 2H_2O_2$
$KMnO_4$	$MnO_4^- + 8H^+ + 5e^- \rightarrow Mn^{2+} + 4H_2O$
Cl_2	$Cl_2 + 2e^- \rightarrow 2Cl^-$
$K_2Cr_2O_7$	$Cr_2O_7^{2-} + 14H^+ + 6e^- \rightarrow 2Cr^{3+} + 7H_2O$
묽은 HNO_3	$NO_3^- + 4H^+ + 3e^- \rightarrow NO + 2H_2O$
진한 HNO_3	$NO_3^- + 2H^+ + e^- \rightarrow NO_2 + H_2O$
H_2SO_4	$SO_4^{2-} + 4H^+ + 2e^- \rightarrow SO_2 + 2H_2O$

환원제(reduction agent)는 자신이 산화되면서 다른 물질을 환원시키는 힘이 강한 물질을 말하며 다음과 같은 조건이 필요하다.

① 발생기 수소를 내기 쉬운 물질

② 이온화 경향이 큰 금속의 단체
③ 표준환원 전위값이 아주 작은 물질
④ 전자를 잃기 쉬운 물질

환원제	반쪽 반응식
Na	$Na \rightarrow Na^{+} + e^{-}$
H_2CrO_4	$H_2CrO_4 \rightarrow 2CO_2 + 2H^{+} + 2e^{-}$
H_2	$H_2 \rightarrow 2H^{+} + 2e^{-}$
H_2S	$H_2S \rightarrow S^{2-} + 2H^{+} + 2e^{-}$
$SnCl_2$	$Sn^{2+} \rightarrow Sn^{4+} + 2e^{-}$
SO_2	$SO_2 + H_2O_2 \rightarrow SO_4^{2-} + 4H^{+} + 2e^{-}$
H_2O_2	$H_2O_2 \rightarrow O_2 + 2H^{+} + 2e^{-}$
$FeSO_4$	$Fe^{2+} \rightarrow Fe^{3+} + e^{-}$

적당한 산화제를 쓰면 환원제는 산화되어 산화제로 된다. 반대로 적당한 환원제를 쓰면 산화제는 환원되어 환원제가 된다. 어떤 두 가지 산화-환원짝을 적당히 조합시키면 산화-환원 반응이 일어난다. 이 산화-환원짝을 알고 있으면 그 산화-환원 반응의 생성물을 예측할 수 있다. 어떤 산화-환원짝에서 산화제가 세면 셀수록 환원 생성물은 환원제로 작용하는 힘이 더욱 약해진다. 산화-환원짝의 상대적인 산화-환원 경향은 산화-환원전위표(부록)를 참조하여 확인할 수 있다.

산화제·환원제 1그램당량은 반응할 때 1몰의 전자를 방출하는 환원제의 양 또는 1몰의 전자를 받아들이는 산화제의 양이다.

산화제 또는 환원제의 표준용액으로 정량 대상 물질이 산화 또는 환원되는 반응을 이용하여 정량하는 방법을 산화환원적정이라 한다. 과망간산칼륨 적정법(permanganate titration), 중크롬칼륨 적정법(dichromate titration), 아이오딘 적정법(iodometry) 등이 있다.

산화제와 환원제는 같은 그램당량 수로 반응하므로, 반응의 종점을 적당한 방법으로 알 수 있으면 적정에 의해 정량할 수 있다.

산화제 g당량 수 = 환원제 g당량 수

$$\frac{NV}{1000} = \frac{N'V'}{1000}$$

여기서, N : 산화제의 농도

V : 산화제의 부피

N′: 환원제의 농도

V′: 환원제의 부피

실험 1. 산화-환원 적정

1. 실험목적

- 옥살산나트륨과 과망간산칼륨의 산화-환원 반응을 이용하여 과망간산칼륨 용액의 농도를 표준화 하고, 이 용액을 이용하여 과산화수소 수용액을 정량한다. 또한 이 산화-환원 반응들의 종말점을 산화제인 과망간산칼륨 자체의 색을 이용하여 결정하는 법을 익힌다.

2. 실험기구

- 부피플라스크(Volumetric flask), 피펫(Measuring pipette), 피펫필러(Pipette filler), 전자저울(Table balance), 약수저(Spoon), 약포지(Weighing paper), 씻기병(Wash bottle), 깔대기(funnel), 파라필름(Parafilm), 비커(Beaker), 뷰렛(Burette), 클램프(Clamp), 스탠드(Stand), 중탄

3. 필요시약

- 옥살산나트륨($Na_2C_2O_4$) : Sodium oxalate
- 과망간산칼륨($KMnO_4$) : Potassium permanganate
- 황산(H_2SO_4) : Sulfuric acid
- 과산화수소(H_2O_2) : Hydrogen peroxide

4. 실험방법

1) 0.1 N 옥살산나트륨($Na_2C_2O_4$) 용액 250 mL 제조

   ① 0.1 N 옥살산나트륨($Na_2C_2O_4$) 용액 250 mL를 제조하기 위해 필요한 양을 계산한다.

   ② 250 mL 부피플라스크에 증류수를 1/4 정도 넣는다.

   ③ 계산된 양의 $Na_2C_2O_4$를 부피플라스크에 넣고 잘 섞어준다.

④ 부피플라스크의 표선까지 증류수를 넣는다.

⑤ 부피플라스크를 막고 라벨링을 한다.

2) 0.1 N 과망간산칼륨($KMnO_4$) 용액 250 mL

① 0.1 N 과망간산칼륨($KMnO_4$) 용액 250 mL를 제조하기 위해 필요한 양을 계산한다.

② 250 mL 부피플라스크에 증류수를 1/4 정도 넣는다.

③ 계산된 양의 $KMnO_4$를 부피플라스크에 넣고 잘 섞어준다.

④ 부피플라스크의 표선까지 증류수를 넣는다.

⑤ 부피플라스크를 막고 라벨링을 한다.

3) 0.1 N $KMnO_4$ 용액의 표준화

① 옥살산나트륨($Na_2C_2O_4$) 용액 25 mL를 취한 후 증류수 50 mL와 황산 10 mL를 가한다.

② 뷰렛에 0.1 N $KMnO_4$ 용액을 넣는다.

③ 삼각플라스크를 흔들어 주면서 과망간산칼륨($KMnO_4$) 용액을 천천히 가하여 적정한다(자주색 → 희미한 분홍색).

- 삼각플라스크의 온도가 70~80℃로 유지될 수 있도록 한다.
- 순수한 증류수에 $KMnO_4$ 용액 한방울을 넣은 용액과 비교하여 종말점을 확인한다..

④ 3회 반복한다.

⑤ 소비된 $KMnO_4$ 용액의 부피로부터 정확한 농도를 구한다.

4) H_2O_2 수용액의 정량

① 3% H_2O_2(비중 1.1) 10 mL를 피펫으로 정확하게 취하여 100 m 부피플라스크에 넣고 눈금까지 조심스럽게 증류수를 채운다.

② 이 용액 10 mL를 피펫으로 정확하게 취하여 100 mL 부피플라스크에 넣고 눈금까지 증류수를 채운다.

③ ②번 용액 10 mL을 정확하게 취하여 400 mL 삼각플라스크에 넣고 증류수를 묽혀서 전체 액량이 200 mL 정도 되게 한 다음 H_2SO_4 20 mL를 가한다.

④ 이것을 상온에서 0.1 N $KMnO_4$ 표준용액으로 분홍색이 될 때까지 적정한다.

5. 유의사항

- 위험한 산과 염기 시약을 취급하므로 시약을 옮길 경우 후드 안에서 작업한다.
- 실험을 하기 전 실험실의 환기를 반드시 한다.
- 사용하는 피펫과 약수저, 비커, 깔대기는 하나의 시약에만 사용한다.
- 반드시 제조한 표준용액은 라벨을 붙여 보관한다.
- 사용한 실험기구는 실험시간 종료 전 세척을 마무리한다(이때 반드시 세제를 이용!).

실험 결과

1. Title(제목) :

2. Date(일자) :

3. Purpose(목적)

4. Reagents(시약)

영문명	국문명	성상	화학식	M.W.(몰질량) (g/mol)	m.p(녹는점) (℃)	b.p(끓는점) (℃)	d(밀도) (g/mL)

그림 1. 실험에 사용한 시약

5. Apparatus(실험기구)

그림 2. 실험기구

6. Procedure(실험과정)

7. Observation & Result

1) 0.1 N $Na_2C_2O_4$ 250 mL 제조

   - 필요한 양 :

     (계산식)

   - 실험에 사용된 $Na_2C_2O_4$의 무게(양)

2) 0.1 N $KMnO_4$ 250 mL 제조

- 필요한 양 :

  (계산식)

- 실험에 사용된 $KMnO_4$의 무게(양)

3) 표준화에 소비된 $KMnO_4$의 양

측정항목	실험측정값		
	1st	2st	3st
용액의 적정량(V) mL			
- 시작점 뷰렛눈금			
- 종말점 뷰렛눈금			

4) 0.1 N $KMnO_4$의 역가

5) $KMnO_4$의 노르말 농도

6) H_2O_2 수용액의 정량에 소비된 $KMnO_4$의 양

측정항목	실험측정값		
	1st	2st	3st
용액의 적정량(V) mL			
- 시작점 뷰렛눈금			
- 종말점 뷰렛눈금			

7) H_2O_2 농도 계산식

8) H_2O_2 농도

그림 3. 실험사진

9) $KMnO_4$을 갈색 병에 보관하는 이유는 무엇인가

10) $KMnO_4$을 사용하여 적정 할 때 염산이나 질산을 사용하지 않고, 황산을 사용하는 이유는 무엇인가?

8. 느낀 점 및 주의사항

실험 2. 산화-환원 적정

1. 실험목적

- 아이오딘이 관여된 산화-환원 반응을 아이오딘 적정법이라한다. 산화제인 아이오딘의 성질을 이해하고 아이오딘 적정법으로 황산구리를 정량함으로써 산화-환원 반응의 원리를 이해한다.

2. 실험기구

- 부피플라스크(Volumetric flask), 피펫(Measuring pipette), 피펫필러(Pipette filler), 전자저울(Table balance), 약수저(Spoon), 약포지(Weighing paper), 씻기병(Wash bottle), 깔대기(funnel), 파라필름(Parafilm), 비커(Beaker), 뷰렛(Burette), 클램프(Clamp), 스탠드(Stand)

3. 필요시약

- 티오황산나트륨($Na_2S_2O_3$) : Sodium thiosulfate
- 황산구리($CuSO_4$) : Copper sulfate
- 아이오딘화칼륨(KI) : Potassium iodide
- 질산(HNO_3) : Nitric acid
- 녹말용액
- 진한염산(HCl) : Hydrochloric acid
- 아세트산(CH_3COOH) : Acetic acid
- 중크롬산칼륨($K_2Cr_2O_7$) : Potassium dichromate

4. 실험방법

1) 0.1 N 티오황산나트륨($Na_2S_2O_3$) 용액 500 mL 제조

① 0.1 N 티오황산나트륨($Na_2S_2O_3$) 용액 500 mL를 제조하기 위해 필요한 양을 계산한다.

② 500 mL 부피플라스크에 증류수를 1/4 정도 넣는다.

③ 계산된 양의 $Na_2S_2O_3$를 부피플라스크에 넣고 잘 섞어준다.

④ 부피플라스크의 표선까지 증류수를 넣는다.

⑤ 부피플라스크를 막고 라벨링을 한다.

2) 0.1 N 티오황산나트륨(Na2S2O_3) 용액의 표준화

① $K_2Cr_2O_7$ 1.5g 정도를 정확히 달아 250 mL 용량플라스크에 넣고 표선까지 증류수를 채운다.

② 이 용액 25 mL를 피펫으로 정확히 취하여 비커(삼각플라스크)에 넣는다.

③ 진한 염산 8m를 가한 후 KI 2 g을 넣고 녹인 후 10분간 방치힌다.

④ 여기에 다시 증류수 200 mL를 가한다.

⑤ 뷰렛에 0.1 N $Na_2S_2O_3$ 용액을 채운 후 적정한다.

⑥ 용액이 엷은 황색으로 될 때 녹말지시약 용액 1~2 mL를 가해 청색을 띠게 한다.

※ 녹말지시약은 0.2 g의 녹말을 100 mL 증류수에 용해시킨 후 맑은 용액이 될 때까지 끓여 냉각시켜 놓은 것을 사용한다.

⑦ 적정은 이 청색이 없어질 때까지 계속한다.

3) 아이오딘화법 적정에 의한 황산구리의 정량

① 0.6 g 정도의 $CuSO_4 \cdot H_2O$를 정확히 달아 삼각플라스크에 넣고 증류수 50 mL를 가해 녹인다.

② 다시 여기에 CH_3COOH 4 mL와 KI 3 g을 가하여 녹인 후 10분간 방치한다.

⑤ 뷰렛에 0.1 N $Na_2S_2O_3$ 용액을 채운 후 적정한다.

⑥ 용액이 엷은 황색으로 될 때 녹말지시약 용액 1~2 mL를 가해 청색을 띠게 한다.

⑦ 적정은 이 청색이 없어질 때까지 계속한다.

5. 유의사항

- 위험한 산과 염기 시약을 취급하므로 시약을 옮길 경우 후드 안에서 작업한다.
- 실험을 하기 전 실험실의 환기를 반드시 한다.
- 사용하는 피펫과 약수저, 비커, 깔대기는 하나의 시약에만 사용한다.
- 반드시 제조한 표준용액은 라벨을 붙여 보관한다.
- 사용한 실험기구는 실험시간 종료 전 세척을 마무리한다(이때 반드시 세제를 이용!).

실험 결과

1. Title(제목) :

2. Date(일자) :

3. Purpose(목적)

4. Reagents(시약)

영문명	국문명	성상	화학식	M.W.(몰질량) (g/mol)	m.p(녹는점) (℃)	b.p(끓는점) (℃)	d(밀도) (g/mL)

그림 1. 실험에 사용한 시약

5. Apparatus(실험기구)

그림 2. 실험기구

6. Procedure(실험과정)

7. Observation & Result

1) 0.1 N $Na_2S_2O_3$ 500 mL 제조

- 필요한 양 :

  (계산식)

- 실험에 사용된 $Na_2S_2O_3$의 무게(양)

2) 표준화에 소비된 $Na_2S_2O_3$의 양

측정항목	실험측정값		
	1st	2st	3st
용액의 적정량(V) mL			
- 시작점 뷰렛눈금			
- 종말점 뷰렛눈금			

3) 0.1 N $Na_2S_2O_3$의 역가

4) $Na_2S_2O_3$의 노르말 농도

5) 아이딘화법 적정에 의한 황산구리의 정량

측정항목	실험측정값		
	1st	2st	3st
용액의 적정량(V) mL			
- 시작점 뷰렛눈금			
- 종말점 뷰렛눈금			

6) 황산구리의 함량

(계산식)

그림 3. 실험사진

8. 느낀 점 및 주의사항

4 킬레이트 적정

여러 가지 금속이온을 착화제 또는 킬레이트 시약의 표준용액으로 정량하는 방법이며, 이들은 금속과 반응하여 물에 녹는 착이온을 형성한다. 즉, 금속 킬레이트 화합물(metal chelate compound)의 생성반응을 이용하고 있다. 수용액 중에서 금속이온(M)과 킬레이트제인 리간드(L)가 반응하여 금속착물 mLn을 생성한다면 그 반응식은 다음과 같다.

$$M + nL \rightarrow mLn$$

이 반응은 일반적인 다른 부피 분석법의 조작에서도 적용되는 다음의 조건을 만족한다면 M에 대응하는 L의 양으로부터 M의 양을 결정할 수 있게 된다.

첫째, 반응속도가 빠르고 부반응이 없어야 한다.
둘째, 화학반응이 정량적으로 일어나야 한다.
셋째, 생성된 킬레이트 화합물의 안정도상수가 충분히 커야 한다.

킬레이트 적정법에는 직접적정법, 역적정법, 치환적정법이 있다.

직접적정법은 Ca^{2+} 등 약 40종의 금속이온을 포함하는 미지시료 용액을 EDTA와 같은 킬레이트 표준용액으로 직접 적정하여 당량점에서 소비된 킬레이트 표준용액의 부피로부터 미지시료의 농도를 확인하는 방법이다. 종말점은 금속지시약을 사용하여 확인할 수 있는데, 먼저 시료용액에 금속지시약을 가하면 금속지시약은 일종의 킬레이트제이므로 금속이온과 반응하여 킬레이트 화합물을 형성하여 착색이 된다.

적정이 진행되는 동안 안정도상수의 차이에 따라 금속지시약은 금속이온으로부터 떨어져 나와 그 지시약의 고유 색깔로 돌아가게 되며, 이때가 종말점이 되는 것이다. 적정은 일반적으로 pH7 이상의 용액에서 수행하며, pH를 일정하게 하기 위하여 적당한 완충용액을 사용한다. 지시약은 당량점에서의 M의 농도에 따라 결정되고 적정할 때의 pH는 목적하는 금속의 킬레이트 화합물의 안정도상수와 금속지시약의 변색 능력에 따라 결정된다.

역적정은 시료 용액에 과잉량의 킬레이트 표준용액을 가하여 금속이온과 반응시키고 남은 킬레이트 표준용액을 금속이온 표준용액으로 역적정 하는 방법이다. 이 방법은 pH가 높아서 목적 금속이온이 수산화물로 침전하거나 적당한 금속기시약이 없을 때, 또는 직접 적정법으로 적정 시 반응속도가 느린 경우에 사용하는 방법이다.

치환적정은 정량하려는 금속이온을 포함하는 금속킬레이트 표준용액을 과잉량 가하면 금속 킬레이트 표준용액에서 금속이온이 유리되며, 유리된 금속이온을 킬레이트 표준용액으로 적정하는 방법이다.

킬레이트 적정에는 킬레이트 시약, 완충액, 금속지시약 등이 필요하다.

4.1 킬레이트 시약

금속의 종류에 따라 킬레이트 화합물은 고유한 색깔을 띠든가 그 이온화상수 또는 용해도가 매우 작은 것이 있으므로 부피분석에 이용되는 킬레이트제는 여러 가지가 있다. 킬레이트 적정 중에 가장 중요한 것은 킬레이트 시약인 ethylene diamine tetraacetic acid(EDTA)를 사용하는 EDTA 적정이다.

EDTA는 다음과 같은 구조를 갖고 있으며, 사염기산이므로 H_4Y로 표시되며 4-6 자리 배위자이다.

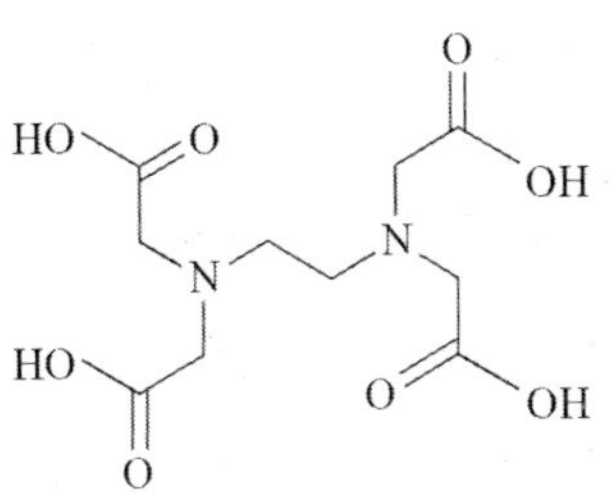

킬레이트 적정의 반응식은 금속이온을 M^{n+}, EDTA 이온을 Y^{4-}로 표시하면 다음과 같이 나타낼 수 있다.

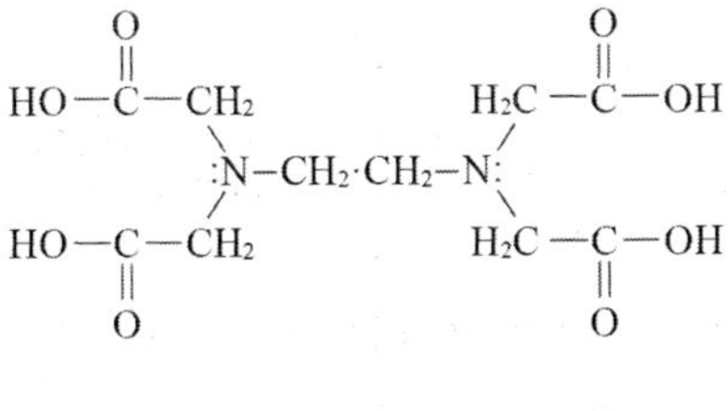

H_4Y

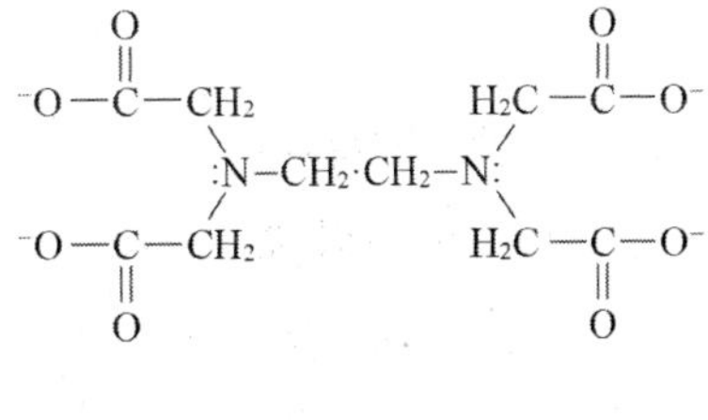

Y^{4-}

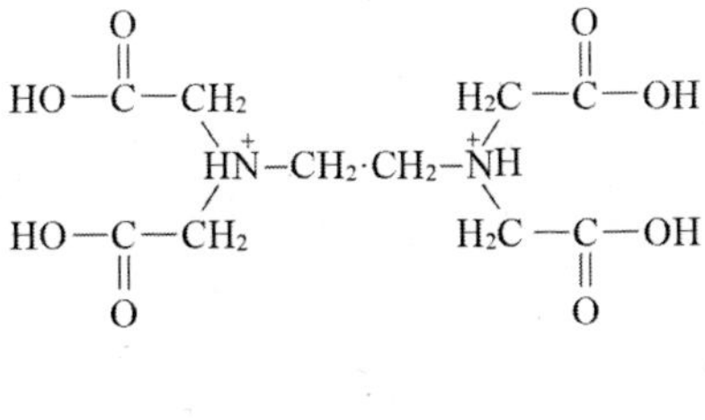

$M^{n+} + Y^{4-} \rightarrow MY^{(4-n)-}$

$\mathbf{H^{n+} + H^{4-} \longrightarrow [MY]^{n-4}}$

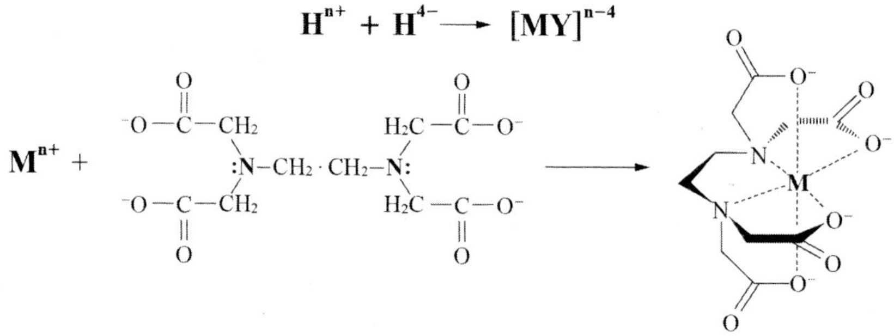

이를테면 Y^{4-}(EDTA) 1mol은 금속 이온의 이온가에 관계없이 항상 1 mol과 반응한다. 따라서 킬레이트 적정에서는 규정농도를 사용하지 않고 몰농도([M], [mol/L])를 사용한다. EDTA는 물에 녹기 어려우므로, 킬레이트 적정에서 실제로 사용되는 시약은 이나트륨염(EDTA · 2Na, $Na_2H_2Y \cdot 2H_2O$)이다.

물에 대한 용해도가 그다지 크지 않고, 또 시료의 금속이온의 농도가 크면 종점의 판정이 어렵기 때문에 다른 적정법과 달리 M/100 정도의 표준액을 사용한다.

배위수 4의 금속이온 M^{n+}와 EDTA의 킬레이트 구조는 다음과 같다.

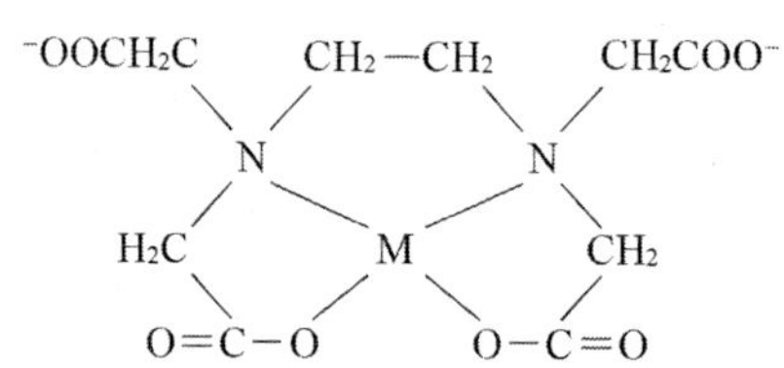

꼭 게가 집게발로 금속이온을 잡고 있는 것 같은 모양을 하고 있으므로 금속 킬레이트 화합물이라고 부르며, EDTA와 같은 시약을 킬레이트 시약이라 한다.

그 이외의 킬레이트 시약은 1,2-시크로헥산디아민-4-아세트산(CyDTA), 니트리로-3-아세트산-2-나트륨(NTA) 등이 있다.

4.2 완충액(buffer solution)

EDTA와 금속이온이 안정한 킬레이트 화합물을 만드는 데는 최적의 pH가 있다. 또 적정의 진행과 함께 다음과 같이 반응한다.

$$H_2Y^{2-} + M^{2+} \rightarrow MY^{2-} + 2H^{+}$$

수소이온이 생기기 때문에 pH가 작아지게 된다. 이것을 조절하고, pH를 일정하게 유지하기 위하여 완충액을 가해 둘 필요가 있다.

4.3 금속지시약(metal indicator)

킬레이트 적정에 있어서 종점을 결정하기 위해서는 보통 금속지시약을 사용한다. 금속지시약은 유기 색소의 성질이 있는 여러 자리 리간드로서 금속이온과 킬레이트 화합물을 형성하여 특이한 색깔을 띠며, 금속이온으로부터 유리되었을 때는 금속지시약 본래의 색깔로 돌아오게 되는 것이다. 중화지시약이 수소이온농도$[H^{+}]$와 반응해서 변색되는 색소인 반면에 금속지시약은 금속이온의 농도$[M^{n+}]$와 반응해서 변색하는 색소이다.

금속이온의 chelate 생성은 pH의 영향을 크게 받으므로 적정하는 금속이온의 종류에 따라 적당한 완충용액으로 pH로 조절하고 적합한 금속지시약을 선택하여야 한다. 금속지시약은 다음과 같은 세 가지 조건을 만족하여야 한다.

첫째, 금속지시약은 금속이온과 반응하여 킬레이트 화합물을 형성할 수 있어야 한다.

둘째, 금속지시약이 금속이온과 반응하여 형성하는 킬레이트 화합물의 안정도상수는 킬레이트 표준용액이 금속지시약과 반응하여 형성하는 킬레이트 화합물의 안정도상수보다 작아야 한다.

셋째, 이때 금속지시약과 금속이온이 만드는 킬레이트 화합물은 분명하게 특이한 색깔을 띠어야 한다.

킬레이트 적정에서 자주 사용하는 금속지시약으로는 Eriochrom black T(EBT), Murexide (MX), PAN 등이 있다.

4.4 가리움제

대부분의 킬레이트제는 여러 금속과 안정한 킬레이트 화합물을 생성하므로 목적하는 성분만을 선택적으로 정량하려면 pH 조건을 변화시키거나 방해하는 금속이온만을 침전시키든지 이온교환수지로 분리하는 방법 등을 사용하여야 한다. 공존하는 다른 금속이온을 분리하는 시약으로 유기 또는 무기 시약을 사용하는데 이를 가리움제(masking agent)라고 한다. 가리움제와 방해하는 금속이온이 만드는 화합물은 무색이거나 색이 엷어야 하며, 가리움제는 목적 성분 이외의 것과는 부반응을 일으키지 않아야 하고 가리움제를 첨가함으로써 pH가 크게 변하여서는 안 된다.

실험 1. 물의 경도 측정

1. 실험목적

- 0.01 M EDTA 표준액을 이용하여 물의 경도를 측정한다.

2. 실험기구

- 부피플라스크(Volumetric flask), 피펫(Measuring pipette), 피펫필러(Pipette filler), 전자저울(Table balance), 약수저(Spoon), 약포지(Weighing paper), 씻기병(Wash bottle), 깔대기(Funnel), 파라필름(Parafilm), 비커(Beaker), 뷰렛(Burette), 클램프(Clamp), 스탠드(Stand)

3. 필요시약

- 시안화칼륨(KCN) : Potassium cyanide
- 에틸렌디아민4아세트산나트륨이수화물($C_{10}H_{14}O_6N_2Na_2 \cdot 2H_2O$)
  : Disodium ethylenediaminetetraacetate dihydrate
- 염화암모늄(NH_4Cl) : Ammonium chloride
- 진한 암모니아수
- EBT 지시약
- 에탄올(C_2H_5OH) : Ethanol, ethyl alcohol

4. 실험방법

1) 0.01 M EDTA 용액 250 mL 제조
   ① 0.01 M EDTA 용액 250 mL를 제조하기 위해 필요한 양을 계산한다.
   ② 250 mL 부피플라스크에 증류수를 1/4 정도 넣는다.
   ③ 계산된 양의 EDTA를 부피플라스크에 넣고 잘 섞어준다.

④ 부피플라스크의 표선까지 증류수를 넣는다.

⑤ 부피플라스크를 막고 라벨링을 한다.

2) 염화암모늄-암모니아 완충액(pH 10)의 조제

① 100 mL 부피플라스크에 염화암모늄 약 6.75 g 넣고 진한암모니아수 약 57 mL에 용해시킨다.

② 용액의 총양이 100 mL가 되도록 표선까지 증류수를 채운다.

③ 부피플라스크를 막고 라벨링을 한다.

3) EBT 지시약 제조

① EBT 0.5 g을 에탄올100 mL에 녹여 제조한다.

4) 1N KCN 용액 100 mL 제조

① 1N KCN 용액 100 mL를 제조하기 위해 필요한 양을 계산한다.

② 100 mL 부피플라스크에 증류수를 1/4 정도 넣는다.

③ 계산된 양의 KCN를 부피플라스크에 넣고 잘 섞어준다.

④ 부피플라스크의 표선까지 증류수를 넣는다.

⑤ 부피플라스크를 막고 라벨링을 한다.

5) 전경도 측정

① 수돗물 50 mL를 삼각플라스크에 취한다.

② 0.01 M EDTA용액을 뷰렛에 넣는다.

③ ①의 삼각플라스크에 1N KCN 용액 2~3방울과 염화암모늄-암모니아 완충액 1 mL, EBT 지시약 1~2방울을 차례대로 넣는다.

④ 삼각플라스크 안 용액의 색이 적색에서 청색으로 변할 때까지 0.01 M EDTA로 적정한다.

⑤ 위의 과정을 3회 반복한 후 전경도를 계산한다.

5. 유의사항

- 위험한 산과 염기 시약을 취급하므로 시약을 옮길 경우 후드 안에서 작업한다.
- 실험을 하기 전 실험실의 환기를 반드시 한다.
- 사용하는 피펫과 약수저, 비커, 깔대기는 하나의 시약에만 사용한다.
- 반드시 제조한 표준용액은 라벨을 붙여 보관한다.
- 사용한 실험기구는 실험시간 종료 전 세척을 마무리한다(이때 반드시 세제를 이용!).

실험 결과

1. Title(제목) :

2. Date(일자) :

3. Purpose(목적)

4. Reagents(시약)

영문명	국문명	성상	화학식	M.W.(몰질량) (g/mol)	m.p(녹는점) (℃)	b.p(끓는점) (℃)	d(밀도) (g/mL)

그림 1. 실험에 사용한 시약

5. Apparatus(실험기구)

그림 2. 실험기구

6. Procedure(실험과정)

7. Observation & Result

1) 0.01 M EDTA 250 mL 제조
   - 필요한 양 :
     (계산식)
   - 실험에 사용된 EDTA의 무게(양)

2) 1N KCN 용액 100 mL 제조

- 필요한 양 :

  (계산식)

- 실험에 사용된 KCN의 무게(양)

3) 전경도 측정에 소모된 0.01 M EDTA의 양

측정항목	실험측정값		
	1st	2st	3st
용액의 적정량(V) mL			
- 시작점 뷰렛눈금			
- 종말점 뷰렛눈금			

4) 전경도의 계산

그림 3. 실험사진

8. 느낀 점 및 주의사항

제4장 기기분석 방법의 이해

1 대기오염공정시험기준에 따른 흡광광도법(Absorptiometric Analysis)의 소개

1.1 원리 및 적용 범위

이 시험방법은 시료 물질이나 시료 물질의 용액 또는 여기에 적당한 시약을 넣어 발색(發色)시킨 용액의 흡광도를 측정하여 시료 중의 목적성분을 정량하는 방법으로 파장 200~1,200 nm에서의 액체의 흡광도를 측정함으로써 대기 중이나 굴뚝 배출 가스 중의 오염물질 분석에 적용한다.

1.2 개요

흡광광도 분석법은 일반적으로 광원(光源)으로 나오는 빛을 단색화장치(Monochrometer) 또는 필터(Filter)에 의하여 좁은 파장 범위의 빛(光速)만을 선택하여 액층을 통과시킨 다음 광전측광(光電測光)으로 흡광도를 측정하여 목적성분의 농도를 정량하는 방법이다. 강도 I_o 되는 단색 광속이 그림 4.1과 같이 농도 C, 길이 L 되는 용액층을 통과하면 이 용액에 빛이 흡수되어 입사광의 강도가 감소한다. 통과한 직후의 빛의 강도 I_t와 I_o 사이에는 램버어트 비어(Lambert-Beer)의 법칙에 의하여 다음의 관계가 성립한다.

$$I_t = I_O \cdot 10^{-\epsilon cL}$$

여기서, I_o : 입사광의 강도

I_t : 투사광의 강도

C : 농도

L : 빛의 투사거리

ϵ : 비례상수로서 흡광계수(吸光係數)라 하고, C=1 mol, L=10 mm일 때의 ε의 값을 몰흡광계수라 하며 K로 표시한다.

I_t와 I_o 관계에서 $\dfrac{I_t}{I_o} = t$ 를 투과도(透過度), 이 투과도를 백분율로 표시한 것 즉, t×100 = T를 투과 퍼센트라 하고 투과도의 역수(逆數)의 상용대수 즉, $\log \dfrac{1}{t} = A$를 흡광도(吸光度)라 한다. 램버어트-비어의 법칙은 대조액층을 통과한 빛의 강도를 I_o, 측정하려고 하는 액층을 통과한 빛의 강도를 I_t 로 했을 때도 똑같은 식이 성립하기 때문에 정량이 가능한 것이다. 대조액층(對照液層)으로는 보통 용매 또는 바탕시험액을 사용하며 이것을 대조액이라 한다. 흡광도를 이용한 램버어트-비어의 법칙을 식으로 표시하면 $A = \varepsilon cL$이 되므로 농도를 알고 있는 표준액에 대하여 흡광도를 측정하고 흡광계수(ε)를 구해 놓으면 시료액에 대해서도 같은 방법으로 흡광도를 측정함으로써 정량을 할 수가 있다. 그러나 실제로는 ε를 구하는 대신에 농도가 다른 몇 가지 표준액을 사용하여 시료액과 똑같은 방법으로 조작하여 얻은 검량선으로부터 시료 중의 목적성분을 정량하는 것이 보통이다.

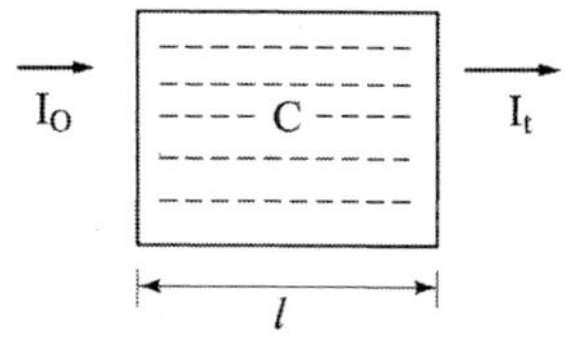

그림 4.1 흡광광도 분석방법 원리도

1.3 장치

1.3.1 장치의 개요

일반적으로 사용하는 흡광광도 분석장치는 그림 4.2와 같이 광원부(光源部), 파장선택부(波長選擇部), 시료부(試料部) 및 측광부(測光部)로 구성되고 광원부에서 측광부까지의 광학계(光學系)에는 측정목적에 따라 여러 가지 형식이 있다.

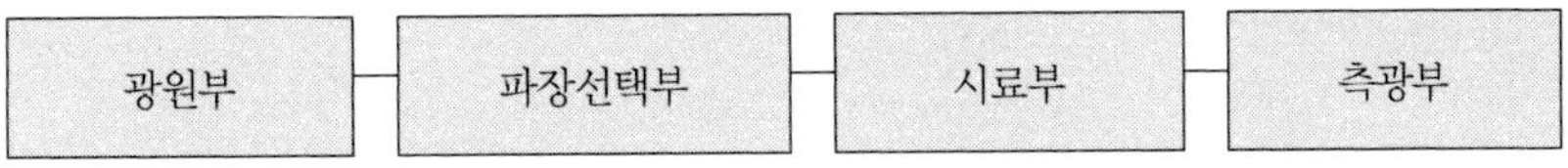

그림 4.2 흡광광도 분석장치

1.3.2 광원부

광원부의 광원에는 텅스텐램프 중수소방전관(重水素放電管) 등을 사용하며 점등(點燈)을 위하여 전원부나 렌즈와 같은 광학계(光學系)를 부속시킨다. 가시부(可視部)와 근적외부(近赤外部)의 광원으로는 주로 텅스텐램프를 사용하고 자외부(紫外部)의 광원으로는 주로 중수소 방전관을 사용한다. 또한 전원부에는 광원의 강도를 안정시키기 위한 장치를 사용할 때도 있다.

1.3.3 파장선택부

파장의 선택에는 일반적으로 단색화장치(Monochrometer) 또는 필터(Filter)를 사용한다. 단색장치로는 프리즘, 회절격자 또는 이 두 가지를 조합시킨 것을 사용하며 단색광을 내기 위하여 슬릿(slit)을 부속시킨다. 필터에는 색유리 필터, 젤라틴 필터, 간접필터 등을 사용한다.

1.3.4 시료부

시료부에는 일반적으로 시료액을 넣은 흡수셀(Cell, 시료셀)과 대조액을 넣는 흡수셀(대조셀)이 있고 이 셀을 보호하기 위한 셀 홀더(Cell Holder)와 이것을 광로(光路)에 올려놓을 시료실(試料室)로 구성된다.

1.3.5 측광부

측광부의 광전측광에는 광전관(光電管), 광전자증배관(光電子增倍管), 광전도셀 또는 광전지 등을 사용하고 필요에 따라 증폭기(增幅器) 대수변환기(對數變換器)가 있으며 지시계(指示計), 기록계 등을 사용한다. 또한 광전관, 광전자증배관은 주로 자외 내지 가시파장 범위에서 사용되며 광전도셀은 근적외(近赤外) 파장 범위에서, 광전지는 주로 가시파장 범위 내에서의 광선측광(光電測光)에 사용된다. 지시계는 투과율, 흡광도, 농도 또는 이를 조합한 눈금이 있고 숫자로 표시되는 것도 있다. 기록계에는 투과율, 흡광도, 농도 등을 자동기록한다.

1.3.6 광전분광광도계

파장선택부에 단색화장치를 사용한 장치로 구조에 따라 단광속형(單光速型)과 복광속형(複光速型)이 있고 복광속형에는 흡수 스펙트럼을 자동기록할 수 있는 것도 있다. 또 광전분광광도계에는 미분측광(微分測光), 2파장측광(二波長測光), 시차측광(示差測光)이 가능한 것도 있다.

1.3.7 광전광도계

파장 선택부에 필터를 사용한 장치로 단광속형이 많고 비교적 구조가 간단하여 작업분석용에 적당하다.

1.3.8 흡수셀(吸收 Cell)

흡수셀은 일반적으로 그림 4.3과 같이 4각형 또는 시험관형의 것을 사용한다. 그림 4.3(2)의 (a)는 액량 1 mL 이하 액층(液層)의 길이 10 mm 이상의 것, (b)는 시료액을 흘려보내면서 그 농도를 측정할 때, (c)는 휘발성 시료액을 넣었을 때 마개가 있는 것, (d)는 액층의 길이가 50 mm 이상으로 저농도 시료를 측정할 때 사용하는 특수용도용 흡수셀의 보기이다.

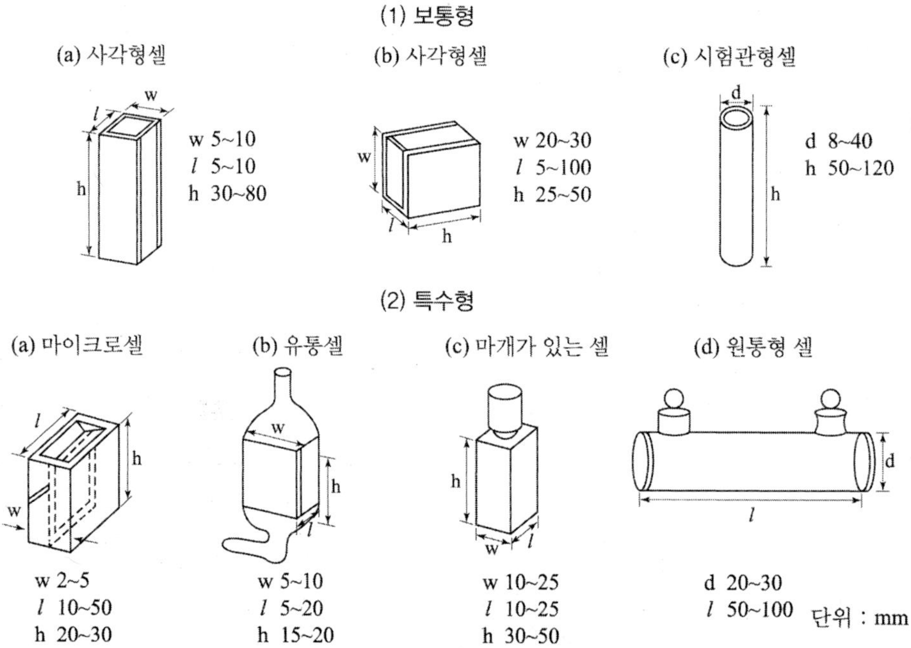

그림 4.3 흡수셀의 모양

흡수셀의 재질로는 유리, 석영, 플라스틱 등을 사용한다. 유리제는 주로 가시(可視) 및 근적외(近赤外)부의 파장 범위를 측정할 때 사용하며, 석영제는 자외부 파장 범위, 플라스틱제는 근적외부 파장 범위를 측정할 때 사용한다.

1.3.9 장치의 보정

(1) 파장 눈금의 보정

① 광전분광 광도계에서는 안정한 휘선 스펙트럼(Line Spectrum)을 갖는 적당한 광원을 사용하고 그 휘선을 중심으로 전후의 좁은 파장 범위에서 스펙트럼의 강도를 측정하여 그림 4.4와 같은 그래프 용지 위에 그 눈금의 값을 기록하고 양측의 직선 부분을 연장하여 그 교차점으로부터 파장 λm를 구한다. 이 파장 λm와 진파장(眞波長) λt와의 차 $\Delta\lambda$가 파장 오차를 표시하는 것이므로 단색화 장치의 파장 조절기구를 조절하여 $\Delta\lambda$가 영(Zero)이 되도록 한다. 파장 눈금의 교정은 일반적으로 표 4.1에 따른다.

표 4.1 파장눈금의 교정

광원의 종류	사용하는 휘선스펙트럼의 파장(nm)	
수소 방전관	486.13	656.28
중수 소방 전관	486.00	656.10
석영 저압 수은	253.65	365.01
방전관	435.88	546.07

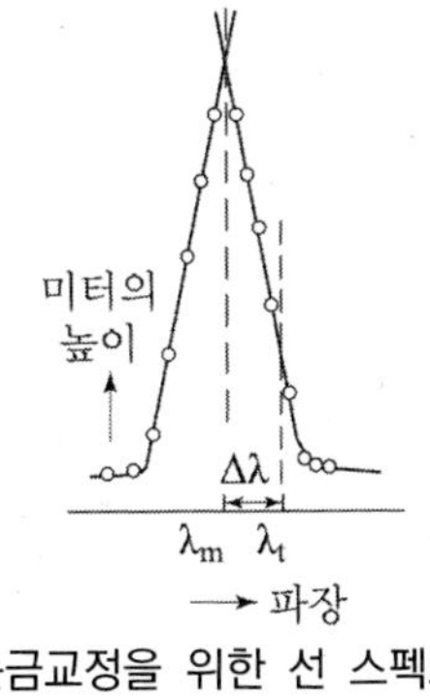

그림 4.4 파장눈금교정을 위한 선 스펙트럼 측정 보기

② 자동기록식 광전분광광도계의 파장 교정은 홀뮴(Holmium) 유리의 흡수스펙트럼을 이용한다. 그림 4.5는 1 nm 파장 폭에서 측정한 홀뮴유리의 흡수스펙트럼을 표시한 보기이다. 파장을 교정할 때 주사속도(走査速度)가 너무 크면 흡수 피크의 파장이 달라지는 경우가

있으므로 적당한 속도로 주사(走査)해야 한다. 또 홀뮴유리나 간섭필터를 사용하여 파장을 교정할 때도 파장 폭이 너무 크면 파장이 달라지는 경우가 있으므로 주의해야 한다.

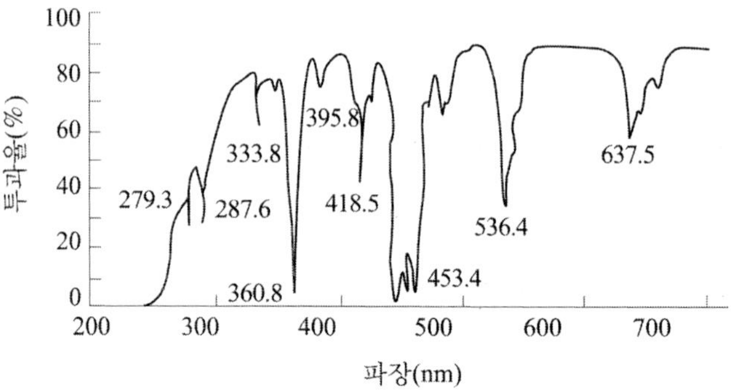

그림 4.5 홀뮴유리의 흡수스펙트럼과 피크의 파장

(2) 흡광도 눈금의 보정

110℃에서 3시간 이상 건조한 중크롬산칼륨(1급 이상)을 N/20 수산화칼륨 용액에 녹여 중크롬산칼륨 용액을 만든다. 그 농도는 시약의 순도를 고려하여 $K_2Cr_2O_7$으로서 0.0303 g/L가 되도록 한다. 이 용액의 일부를 신속하게 10.0 mm 흡수셀에 취하고 25℃에서 1 nm 이하의 파장폭에서 흡광도를 측정한다. 이때 각 파장에 있어서의 흡광도 및 투과율은 이상이 없는 한, 표 4.2의 값을 나타내야 하며 만일 다른 값을 나타내면 표 4.2에 의하여 흡광도 눈금을 보정한다.

표 4.2 중크롬산칼륨 용액의 흡광도와 투과율(%)(25℃)

파장(nm)	흡광도	투과율(%)	파장(nm)	흡광도	투과율(%)
220	0.446	35.8	340	0.316	48.3
230	0.171	67.4	350	0.559	27.6
240	0.295	50.7	360	0.830	14.8
250	0.496	31.9	370	0.987	10.3
260	0.633	23.3	380	0.932	11.7
270	0.745	18.0	390	0.695	20.2
280	0.712	19.4	400	0.396	40.2
290	0.428	37.3	420	0.124	75.1
300	0.149	70.9	440	0.054	88.2
310	0.048	89.5	460	0.018	96.0
320	0.063	86.4	480	0.004	99.1
330	0.049	71.0	500	0.000	100.0

(3) 미광(迷光, Stray Light)의 유무 조사

광원이나 광전측광 검출기에는 한정된 사용파장역(限定使用波長域)이 있어 표 4.3에 표시한 파장역에서는 미광(迷光, Stray Light)의 영향이 크기 때문에 그림 4.6에 표시한 것과 같은 투과 특성을 갖는 커트 필터(Cut Filter)를 사용하며 미광의 유무를 조사하는 것이 좋다.

표 4.3 광원 또는 광전측광검출기의 사용파장 한계

파장역(nm)	한계파장이 생기는 이유
200～220	검출기 또는 수은방전관, 중수소방전관의 단파장 사용한계
300～330	텅스턴램프의 단파장 사용한계
700～800	광전자 중배관의 장파장 사용한계

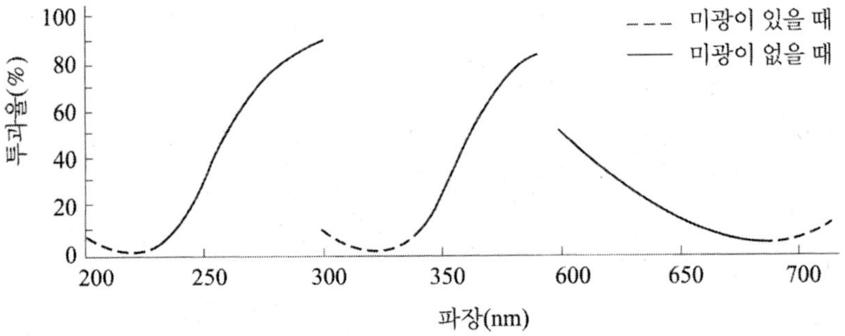

그림 4.6 미광조 사용 커트 필터의 투과율(%)

1.4 측정

1.4.1 장치의 설치

장치는 되도록 다음과 같은 조건을 구비한 실내에 설치한다.

(1) 전원의 전압 및 주파수의 변동이 적을 것

(2) 직사광선을 받지 않을 것

(3) 습도가 높지 않고 온도변화가 적을 것

(4) 부식성 가스나 먼지가 없을 것

(5) 진동이 없을 것

1.4.2 흡수셀의 준비

흡수셀의 준비는 다음과 같이 한다.

(1) 시료액의 흡수파장이 약 370 nm 이상일 때는 석영 또는 경질유리 흡수셀을 사용하고 약 370 nm 이하일 때는 석영흡수셀을 사용한다.

(2) 따로 흡수셀의 길이(L)를 지정하지 않았을 때는 10 mm 셀을 사용한다.

(3) 시료셀에는 시험용액을, 대조셀에는 따로 규정이 없는 한 증류수를 넣는다. 넣고자 하는 용액으로 흡수셀을 씻은 다음 적당량(셀의 약 8부(80%)까지)을 넣고 외면이 젖어 있을 때는 깨끗이 닦는다. 필요하면(휘발성 용매를 사용할 때와 같은 경우) 흡수셀에 마개를 하고 흡수셀에 방향성(方向性)이 있을 때는 항상 방향을 일정하게 하여 사용한다.

(4) 흡수셀은 미리 깨끗하게 씻은 것을 사용한다.
흡수셀의 세척 방법은 다음과 같이 한다.

- 탄산나트륨 용액(2 W/V%)에 소량의 음이온 계면활성제(보기 : 액상 합성세제)를 가한 용액에 흡수셀을 담가 놓고 필요하면 40～50℃로 약 10분간 가열한다. 흡수셀을 꺼내 물로 씻은 후 질산(1+5)에 소량의 과산화수소를 가한 용액에 약 30분간 담가 놓았다가 꺼내어 물로 잘 씻는다. 깨끗한 가제나 흡수지 위에 거꾸로 놓아 물기를 제거하고 실리카겔을 넣은 데시케이터 중에서 건조하여 보존한다. 급히 사용하고자 할 때는 물기를 제거한 후 에틸알코올로 씻고 다시 에틸에텔로 씻은 다음 드라이어(Dryer)로 건조해도 무방하다. 또 빈번하게 사용할 때는 물로 잘 씻은 다음 증류수를 넣은 용기에 담가 두어도 무방하다.
- 질산과 과산화수소의 혼액 대신에 새로 만든 크롬산과 황산용액에 약 1시간 담근 다음 흡수셀을 꺼내어 물로 충분히 씻어내도 무방하다. 그러나 이 방법은 크롬의 정량이나 자외역(紫外域) 측정을 목적으로 할 때 또는 접착하여 만든 셀에는 사용하지 않은 것이 좋다. 또 세척 후에는 지문이 묻지 않도록 주의하고 빛이 통과하는 면에는 손이 직접 닿지 않도록 해야 한다.

1.4.3 측정 준비

흡광도의 측정 준비는 다음과 같이 한다.

(1) 측정 파장에 따라 필요한 광원과 광전측광 검출기를 선정한다.

(2) 전원을 넣고 잠시 방치하여 장치를 안정시킨 후 감도와 영점(Zero)을 조절한다.

(3) 단색화 장치나 필터를 이용하여 지정된 측정 파장을 선택한다.

1.4.4 흡광도의 측정

흡광도의 측정은 원칙적으로 다음과 같은 순서로 한다.

(1) 눈금판의 지시가 안정되어 있나를 확인한다.

(2) 대조셀을 광로(光路)에 넣고 광원으로부터의 광속(光速)을 차단하고 영점을 맞춘다. 영점을 맞춘다는 것은 투과율 눈금으로 눈금판의 지시가 영이 되도록 맞추는 것이다.

(3) 광원으로부터 광속을 통하여 눈금 100에 맞춘다.

(4) 시료셀을 광로(光路)에 넣고 눈금판의 지시치(指示値)를 흡광도 또는 투과율로 읽는다. 투과율로 읽을 때는 나중에 흡광도로 환산해 주어야 한다.

(5) 필요하면 대조셀을 광로에 바꿔 넣고 영점과 100에 변화가 없는가를 확인한다.

(6) 위 (2), (3), (4)의 조작 대신에 농도를 알고 있는 표준액 계열을 사용하여 각각의 눈금에 맞추는 방법도 무방하다.

1.4.5 흡수곡선(吸收曲線)의 측정(測定)

흡수곡선의 측정은 다음과 같이 한다. 필요한 파장 범위에 대해서 10 nm마다 흡광도를 측정하여 횡축(가로)에 파장을, 종축(세로)에 흡광도를 표시하고 그래프용지에 양자의 관계 곡선을 작성하여 흡수곡선을 만든다. 이때 흡수 최대치(Peak) 부근에서는 파장 간격을 1~5 nm까지 좁게 하여 흡광도를 측정하는 것이 좋다. 또 흡광도의 변화가 적은 파장에서는 파장 간격을 적당히 넓게 하여도 상관없다. 이때 흡광도 대신에 투과율을 종축(縱軸)에 표시해도 된다. 또한 흡수곡선을 작성하는 데는 자기분광광전광도계(自記分光光電光度計)를 사용하는 것이 편리하다. 그림 4.7은 흡수곡선의 보기를 표시한 것이다.

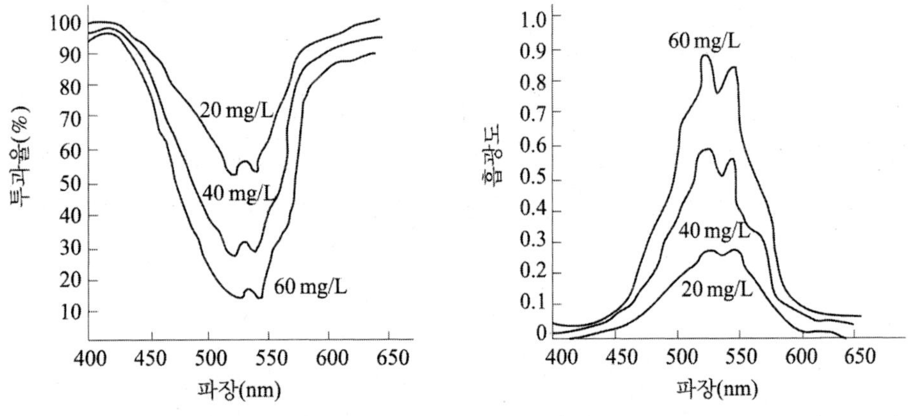

그림 4.7 미흡수 곡선(과망간산칼륨 용액의 흡수곡선)

1.4.6 성적의 정리

측정 결과에는 다음과 같은 사항을 기록하여 둔다.

(1) 사용한 장치의 명칭과 형식

(2) 광전분광광도계를 사용했을 때는 측정파장, 슬릿의 폭 및 밴드 폭

(3) 광전광도계를 사용했을 때는 필터의 번호

(4) 흡수셀의 재질, 모양, 셀의 길이 또는 직경

(5. 대조액의 성분

(6) 시험용액 또는 발색된 액의 성분

(7) 시험용액의 액성

(8) 시약첨가에서부터 흡광도 측정까지의 시간

(9) 측정 시의 시험용액 온도

(10) 기타 필요사항

1.5 정량방법

흡광광도분석 방법으로 정량분석을 하려면 이미 흡광도와 시료 성분의 농도와의 비례와 같은 시료에 대한 흡광도의 재현성을 검토하여야 한다. 일반적으로 정량분석에는 검량선을 미리 작성해 놓는 방법을 이용하며 경우에 따라서 ε의 값(몰 흡광계수)을 미리 구해 놓는 방법도 이용한다.

1.5.1 검량선의 작성

검량선은 표준액의 여러 가지 농도에 대하여 적당한 대조액을 사용하며 흡광도를 측정하고 표준액의 농도를 횡측에, 흡광도를 종축에 취하여 그래프 용지 위에 양자의 관계선을 구하여 작성한다. 검량선은 거의 직선을 나타내는 범위 내에서 사용하는 것이 좋다. 시약이 바뀌거나 시험자가 바뀔 경우는 검량선을 다시 작성하는 것이 좋다. 단, 투과율을 측정하여 흡광도로 환산하지 않고 검량선을 작성할 때는 편대수(片對數) 그래프용지를 사용하여 대수축에 투과율을 취하여 검량선을 작성한다.

(1) 표준액

분석하려는 성분의 순물질(純物質) 또는 일정 농도의 표준액을 단계적으로 취하여 규정된

방법에 따라 표준액 계열을 만든다. 이때의 표준액 농도는 시험용액 중의 분석하려는 성분의 추정농도와 거의 같은 농도 범위로 한다.

(2) 대조액

일반적으로 용매를 사용하며 분석하려는 성분이 들어있지 않은 같은 종류의 시료를 사용하여 규정된 방법에 따라 제조한다.

1.5.2 정량조건의 검토

흡광광도법으로 정량분석을 할 때는 다음과 같은 조건을 검토하여 결정하여야 한다.

(1) 발색반응의 검토

가. 발색한 시험용액에 대한 흡수곡선과 최대 흡수 파장
나. 바탕시험액의 흡수곡선과 바탕 시험치
다. 액성의 변화에 따른 흡광도의 변화
라. 최적 pH 범위와 완충액의 종류 및 첨가량
마. 마스킹이 필요할 때는 마스킹제의 종류와 첨가량
바. 안정제, 산화방지제 등의 종류와 첨가량
사. 온도변화 및 방치 시간에 의한 흡광도의 변화
아. 시약의 농도 첨가량 첨가순서의 영향
자. 시료액 중의 피검 성분의 최적 농도 범위
차. 시료액에 대한 빛(光)의 영향
카. 용매 추출을 할 때는 최적 용매의 선정

(2) 측정조건의 검토

가. 측정 파장은 원칙적으로 최고의 흡광도가 얻어질 수 있는 최대 흡수 파장을 선정한다. 단, 방해성분의 영향, 재현성 및 안정성 등을 고려하여 차선(次善)의 측정 파장 또는 필터를 선정하는 수도 있다.
나. 대조액은 용매, 바탕시험액 기타 적당한 용액을 선정한다.

다. 측정된 흡광도는 되도록 0.2~0.8의 범위에 들도록 시험용액의 농도 및 흡수셀의 길이를 선정한다.

라. 부득이 흡광도를 0.1 미만에서 측정할 때는 눈금 확대기를 사용하는 것이 좋다.

1.5.3 정량조작

정량조작은 원칙적으로 다음과 같은 순서로 한다.

(1) 피검액(被檢液)을 메스플라스크 같은 용기에 달아 넣는다.

(2) 발색시약, 산, 알칼리, 완충액, 마스킹제, 안정제 등 각각 규정된 순서에 따라 가한다.

(3) 충분한 발색이 되도록 필요하면 가열 또는 방치한다.

(4) 용매를 가하여 일정 용적으로 희석한다.

(5) 광도계의 측정 파장 또는 필터, 슬릿의 폭, 흡수셀 등을 규정한 방법에 따라 조절 또는 준비한다.

(6) 발색액의 일부를 흡수셀에 넣어 1.4.4의 순서에 따라 흡광도를 측정한다

(7) 측정한 흡광도를 1.5.1의 요령에 따라 작성한 검량선과 비교하여 목적하는 성분의 농도를 구한다.

※ 비고 : 시료 중의 목적성분 농도가 낮을 때는 발색액에 잘 녹지 않는 피검 성분을 다시 잘 녹는 용매로 추출하여 흡광도를 측정하고 농도를 구해도 무방하다.

실험 1. 청량음료수(콜라 등) 중 인산의 정량

1. 목적

청량음료수 중 인산을 몰리브덴청(靑)[염화주석(II)]법으로 발색시켜 분광광도계로 측정하여 인산의 함유량을 구한다.

2. 준비

(1) 시료

청량음료수(콜라 등)

(2) 기구

비커, 메스플라스크, 홀 피펫, 메스피펫

(3) 약품

몰리브덴산암모늄4수염, 염화주석(II) 2수염, 황산, 염산, 인산제2수소칼륨, 아미드황산암모늄

3. 방법

(1) 시약 조제

① 몰리브덴산암모늄 용액

몰리브덴산암모늄4수염 15 g을 정제수 약 150 mL에 용해시켜 이것을 황산(정제수 600 mL +황산 182 mL)에 휘저어 섞으면서 가하고 정제수를 가하여 1 L로 한다(그림 4.8).

(주) 시료 중에 질산이온, 아질산이온이 있을 때는 아미드황산암모늄을 10 g 가하고 1 L로 한다.

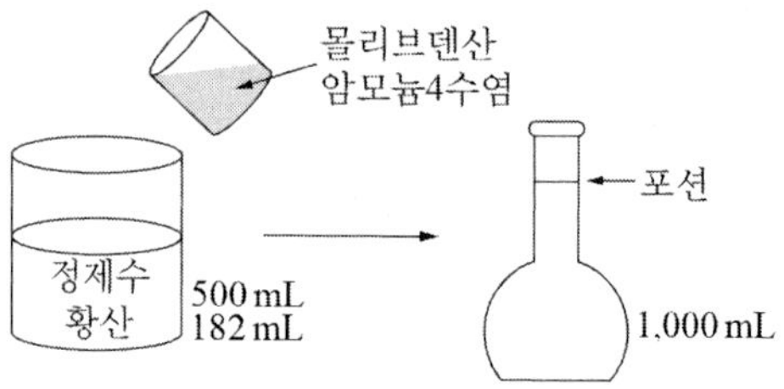

그림 4.8 시약제조(1)

② 염화주석(II) 용액

염화주석(II)2수염 1 g을 염산 5 mL에 용해시키고(용해시키기 어려울 때는 가열한다), 정제수를 가하여 50 mL로 하며, 주석과립을 가하여 갈색병에 보관한다. 용액이 흐려지면 다시 만든다(그림 4.9).

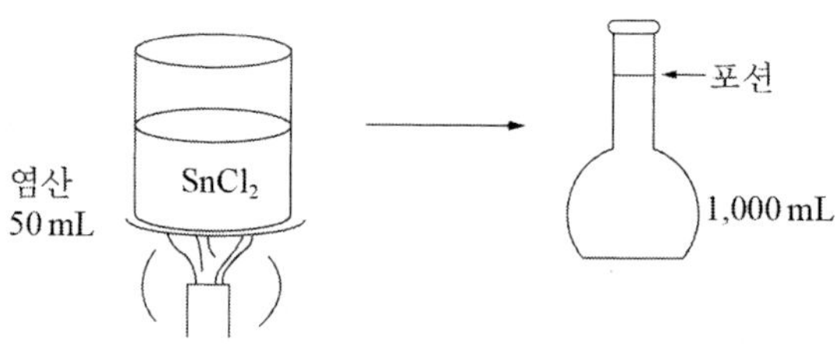

그림 4.9 시약제조(2)

③ 인산이온표준원액(0.1 mg/mL)

잘 건조시킨 인산2수소칼륨 0.1433 g을 정제수에 용해시켜서 1 L 메스플라스크에 넣고 정제수로 표선까지 맞춘다. 그런 다음 잘 흔들어 섞는다(그림 4.10).

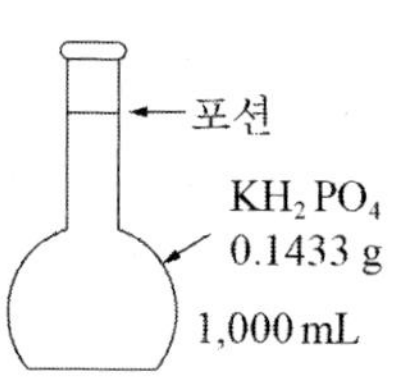

그림 4.10 시약제조(3)

④ 인산이온 표준액(0.01 mg/mL)

인산이온 표준원액 10 mL을 홀피펫으로 100 mL 메스플라스크에 취하고, 정제수로 표선까지 맞춘다. 그다음 잘 흔들어 섞는다.

(2) 시료의 조제 및 측정

① 콜라는 탄산음료이므로 데워서 탄산가스를 없앤다.

② 탄산가스를 뺀 콜라 10 mL을 홀피펫으로 100 mL 메스플라스크에 취하여 정제수로 표선

까지 맞춘다. 그다음 잘 흔들어 섞는다(10배로 희석함).

③ ②의 시료 용액 1 mL을 홀피펫으로 50 mL 메스플라스크에 취하여 정제수를 가하여 약 40 mL로 한다.

④ 몰리브덴산암모늄 용액 5 mL을 가하여 흔들어 섞은 후, 염화주석(II) 용액 0.25 mL를 가하고 정제수를 표선까지 가하여 흔들어 섞고 약 15분 방치한다.

⑤ 시료 용액 1 mL를 취하여 염화주석(II)을 가하지 않고 ③, ④의 조작을 행하여 바탕 시험에 사용한다.

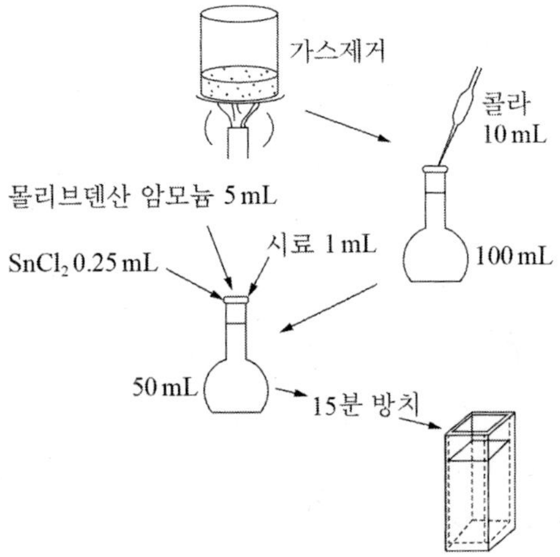

그림 4.11 시료의 제조

⑥ 용액의 일부를 흡수셀에 옮겨 700 nm로 흡광도를 측정한다.

(3) 검량선용 자료의 측정

시료 대신에 인산 표준용액 1 mL, 2 mL, 3 mL, 4 mL, 5 mL를 각각 50 mL 메스플라스크에 취하여, ①~④의 조작을 행하여 흡광도를 구한다.

4. 결과의 처리

(1) 검량선의 작성

자료가 표 4.4와 같았다고 하면 그림 4.12와 같이 된다.

표 4.4 자료 예

PO_4^{3-} (mg/mL)	A (흡광도)
0.01	0.151
0.02	0.299
0.03	0.452
0.04	0.599
0.05	0.741
미지시료	0.250

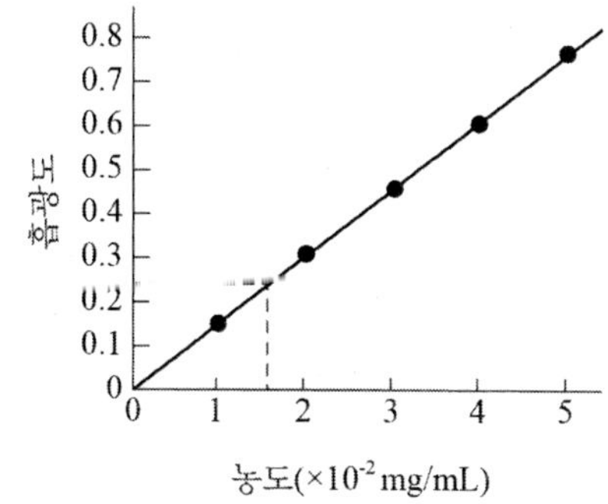

그림 4.12 검량선

청량음료수 1캔(250 mL) 중의 인산의 양을 계산한다. 검량선에서 시료 중 인산은 0.015 mg/mL이므로 콜라의 인산 농도는

$$0.015 \times 10 = 0.15 \text{ mg/mL}$$

이다. 따라서 인산의 양은

$$0.015 \times 10 \times 250 = 375 \text{ mg}$$

이 된다.

5. 결과 보고

측정 결과를 보고할 때는 다음 항목도 기록한다.

① 측정 연 월 일
② 장치의 명칭
③ 시료명
④ 측정 파장
⑤ 측정성분
⑥ 흡수셀(재질, 형태, 치수)
⑦ 측정 방법

실험 2. 흡수곡선의 측정

보통 측정 파장은 대부분 최대 흡수 파장을 사용한다(그러나 반드시 최대 흡수 파장을 사용하는 것을 아니다). 측정물질의 최대 흡수 파장을 알기 위하여 여러 가지 파장에서 흡광도를 측정하여 파장과 흡광도의 관계를 그래프로 나타낸다. 이것을 흡수곡선이라 한다. 흡수곡선으로 물질의 정성분석이 행하여진다. 그림 4.13에 흡수곡선의 예를 나타내었다.

대부분의 장치는 자동적으로 파장이 변화하여 흡수곡선이 얻어지게 되어 있으므로 목적으로 하는 파장 범위의 상한이나 하한에 맞추어 주사하면 된다. 여기서는 $KMnO_4$의 흡수곡선을 10 nm 간격으로 측정하여 흡수곡선을 구한다.

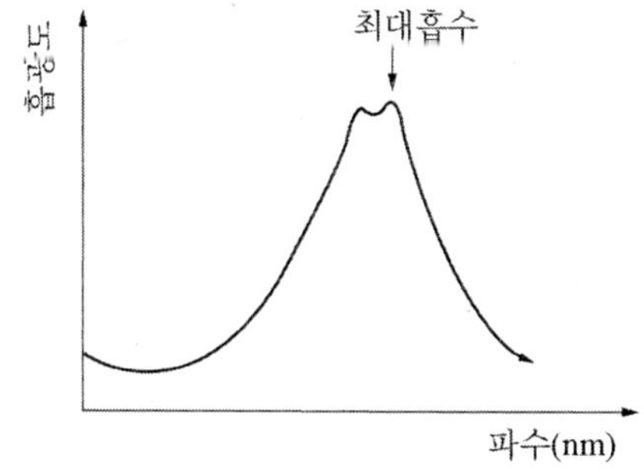

그림 4.13 흡수곡선

비색분석 : 육안비색법

우리는 용액의 색이 '진하다, 엷다'라고 말함으로써 감각적으로 용액의 농도가 진한지 엷은 지를 판단하곤 한다. 그래서 사전에 농도를 알고 있는 용액을 몇 가지로 만들어 놓고 그때의 색의 진한 정도와 시료색의 진한 정도를 비교하여 보면 대략 그 농도를 알 수 있다.

이 방법을 정확히 행하기 위하여 예부터 여러 가지로 연구가 되어 왔다. 비색관이나 비색계라 부르는 것이 이러한 방법이다. 색의 진하기와 농도의 관계를 종이에 써두어 비교할 수 있는데 이 방법은 간이실험에 흔히 사용되는 방법이다(그림). 이 방법은 간단 하지만 측정 정도(測定精度)를 올리기 위해서는 여러 가지 귀찮은 일도 많고, 정도도 그다지 좋지 않다. 그래서 광도계를 사용하여 광도를 측정하는 방법이 고안되었다. 흡광도나 투과도로부터 검량선을 사용하여 농도를 분석하는 것이다. 광전비색계가 바로 그것이다.

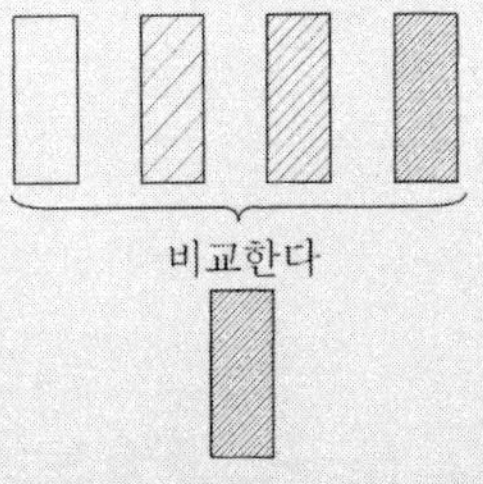

비색지

2 대기오염공정시험기준에 따른 원자흡광광도법(Atomic Absorption Spectrophotometry)의 소개

2.1 원리 및 적용 범위

이 시험방법은 시료를 적당한 방법으로 해리(解離)시켜 중성원자로 증기화 하여 생긴 기저상태(Ground State or Normal State)의 원자가 이 원자 증기층을 투과하는 특유파장의 빛을 흡수하는 현상을 이용하여 광전측광(光電測光)과 같은 개개의 특유 파장에 대한 흡광도를 측정하여 시료 중의 원소(元素) 농도를 정량하는 방법으로 대기 또는 배출 가스 중의 유해 중금속, 기타 원소의 분석에 적용한다.

2.2 용어(用語)

1. 역화(Flame Back) : 불꽃의 연소속도가 크고 혼합기체의 분출 속도가 작을 때 연소 현상이 내부로 옮겨지는 것
2. 원자흡광도(Atomic Absorptivity or Atomic Extinction Coefficient)
   어떤 진동수 i의 빛이 목적원자가 들어 있지 않는 불꽃을 투과했을 때의 강도를 $I_{o\nu}$, 목적원자가 들어 있는 불꽃을 투과했을 때의 강도를 I_{ν}라 하고 불꽃 중의 목적원자농도를 c, 불꽃 중의 광도의 길이(Path Length)를 L이라 했을 때,

   $$E_{AA} = \frac{\log_{10} \cdot \ I_0\nu / I\nu}{c \cdot \ L}$$ 로 표시되는 양을 말한다.

3. 원자흡광(분광) 분석[Atomic Absorption(Spectrochemical) Analysis]
   원자흡광 측정에 의하여 하는 화학분석
4. 원자흡광(분광) 측광 [Atomic Absorption(Spectro) Photometry]
   원자흡광 스펙트럼을 이용하여 시료 중의 특정 원소의 농도와 그 휘선(輝線)의 흡광 정도(보통은 보정되지 않은 흡광도로 나타냄)와의 상관관계를 측정하는 것
5. 원자흡광스펙트럼(Atomic Absorption Spectrum)
   물질의 원자 증기층을 빛이 통과할 때 각각 특유한 파장의 빛을 흡수한다. 이 빛(光束)을 분산하여 얻어지는 스펙트럼을 말한다.

6. 공명선(Resonance Line)
원자가 외부로부터 빛을 흡수했다가 다시 먼저 상태로 돌아갈 때(遷移) 방사하는 스펙트럼선
7. 근접선(Neighbouring Line)
목적하는 스펙트럼선에 가까운 파장을 갖는 다른 스펙트럼선
8. 중공음극램프(Hollow Cathode Lamp)
원자흡광분석의 광원(光源)이 되는 것으로 목적원소를 함유하는 중공음극 한 개 또는 그 이상을 저압의 네온과 함께 채운 방전관(放電管)
9. 다음극 중공음극램프(Multi-Cathod Hollow Cathode Lamp)
두 개 이상의 중공음극을 갖는 중공음극램프
10. 다원소 중공음극램프(Multi-Element Hollow Cathode Lamp)
한 개의 중공음극에 두 종류 이상의 목적원소를 함유하는 중공음극램프
11. 충전가스(Filler Gas) : 중공음극램프에 채우는 가스
12. 소연료불꽃(Fuel-Lean Flame)
가연성 가스와 조연성(助燃性) 가스의 비를 적게 한 불꽃 즉, 가연성 가스/조연성 가스의 값을 적게 한 불꽃
13. 다연료 불꽃(Fuel-Rich Flame) : 가연성 가스/조연성 가스의 값을 크게 한 불꽃
14. 분무기(Nebulizer Atomizer) : 시료를 미세한 입자로 만들어 주기 위하여 분무하는 장치
15. 분무실(Nebulizer-Chamber, Atomizer Chamber)
분무기와 병용(併用)하여 분무 된 시료 용액의 미립자를 더욱 미세하게 해주는 한편 큰 입자와 분리시키는 작용을 갖는 장치
16. 슬롯버너(Slot Burner, Fish Tail Burner) : 가스의 분출구가 세극상(細隙狀)으로 된 버너
17. 전체분무버너(Total Consumption Burner, Atomizer Burner)
시료 용액을 빨아올려 미립자로 되게 하여 직접 불꽃 중으로 분무하여 원자 증기화 하는 방식의 버너
18. 예복합 버너(Premix Type Burner)
가연성 가스, 조연성 가스 및 시료를 분무실에서 혼합시켜 불꽃 중에 넣어주는 방식의 버너
19. 선폭(Line Width) : 스펙트럼선의 폭
20. 선프로파일(Line Profile) : 파장에 대한 스펙트럼선의 강도를 나타내는 곡선

21. 멀티 패스(Multi-Path)

    불꽃 중에서의 광로(光路)를 길게 하고 흡수를 증대시키기 위하여 반사를 이용하여 불꽃 중에 빛(光束)을 여러 번 투과시키는 것

2.3 개요

원자 증기화 하여 생긴 기저상태의 원자가 그 원자 증기층을 투과하는 특유파장의 빛을 흡수하는 성질을 이용한 것으로 원자에 의한 빛의 흡수 정도와 원자 증기 밀도와의 사이에는 다음과 같은 관계가 있다.

즉 진동수 ν 강도 Io 되는 광원으로부터 반사되는 길이 L(cm)의 원자 증기층을 투과할 때 그 원자에 의하여 흡수되어 빛의 강도가 Iν 되었다고 하면

$$I_V = I_{OV} \cdot \ \exp^{-K_V \cdot \ L} \quad \cdots\cdots (1)$$

이 된다

여기서 KV는 비례정수로 진동수 ν에서의 흡수율이라 부르고 ν에 따라 다른 값을 갖는다. 또 Kν에 관한 적분흡수율 ∫Kν dν의 값은 다음 식으로 표시된다.

$$\int K\nu\, d\nu = \frac{\pi e^2}{mc} N\nu f \quad \cdots\cdots (2)$$

여기서, e : 전자의 전기량

m : 전자의 질량

c : 광속도

Nν: ν～ν+dν의 범위에서 흡수에 관계하는 1 cm^2당 원자 수, 즉 원자의 밀도

f : 진동자 강도(振動子 强度)

(2)식으로부터 적분 흡수율은 기저상태의 원자 수 Nν(원자 밀도)에 비례한다는 것을 알 수 있다. 시료의 원자화 수단으로 일반적으로 사용되는 불꽃 중에서의 원자 밀도를 N이라 하면 (2)식은

$$\int K\nu d\nu \ = \ \frac{\pi e^2}{mc} N f \quad \cdots\cdots (3)$$

이 되고 적분 흡수율과 원자 밀도 N은 비례한다. 원자 흡광분석에는 광원으로 원자흡광스펙트럼보다는 선폭이 좁은 휘선 스펙트럼을 사용하여 적분 흡수율을 구하는 대신 원자흡광스펙트럼선의 중앙에서의 흡수율 Kmax를 측정하여 N을 구하는 것이 보통이다. 시료 중의 목적원소 농도 C의 원자 증기 밀도 N과는 분석조건만 일정하면 비례관계가 성립하기 때문에 N을 알면 시료 중의 목적원소 농도 C를 결정할 수 있다.

원자흡광광도법에서 측정되는 흡수의 정도는 일반적으로 흡광도 또는 투과율(%)로 표시하고 각각 (4), (5)의 식으로 정의된다.

$$\text{흡광도 } A = \log_{10}(I_{OV}/I_V) \quad \cdots\cdots (4)$$

$$\text{투과율 } T(\%) = (I\nu/Io\nu) \times 100 \quad \cdots\cdots (5)$$

또 (1)식을 흡광도로 표기하면,

$$A = 0.4343\ K\nu\ L \quad \cdots\cdots (6)$$

이 되므로 적분 흡수율을 측정하는 대신에 Kmax를 측정할 때는

$$A = Kmax\ L \quad \cdots\cdots (7)$$

따라서 흡광도 A를 측정함으로써 Kmax를 구할 수 있게 된다. Kmax를 시료 중의 목적원자 농도 C로 나눈 값은 원자 흡광율 EAA에 대응하고 (7)식은

$$A = EAA\ C\ L \quad \cdots\cdots (8)$$

로 표시할 수 있다. 원자 흡광률은 목적원자마다 고유한 정수(定數)로 나타나므로 L이 결정되어 있을 때는 A를 측정하여 C를 구할 수가 있다. 분석 조작으로서는 미리 농도를 알고 있는 표준 시료 용액에 대하여 측정하고 농도 대 흡광도의 그래프 즉, 검량선을 작성하여 놓는다. 다음에 미지 농도의 시료에 대하여 흡광도를 측정하고 검량선과 비교하여 농도를 구한다.

2.4 장치

2.4.1 장치의 개요

원자흡광 분석장치는 일반적으로 그림 4.14와 같이 광원부, 시료원자화부, 파장선택부(분광

부) 및 측광부로 구성되어 있고 단광속형(單光速型)과 복광속형(複光速型)이 있다. 또 여러 개 원소의 동시 분석이나 내표준법에 의한 분석을 목적으로 할 때는 그림 4.15와 같이 위의 구성요소를 여러 개 복합 멀티채널형(Mult-Channel 型)의 장치도 있다.

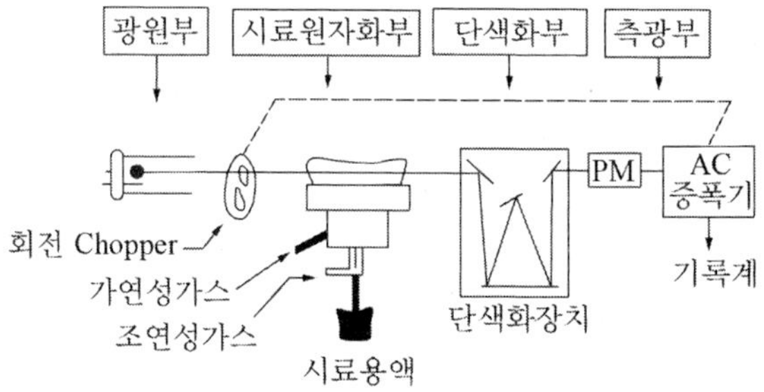

그림 4.14 원자흡광 분석장치의 구성

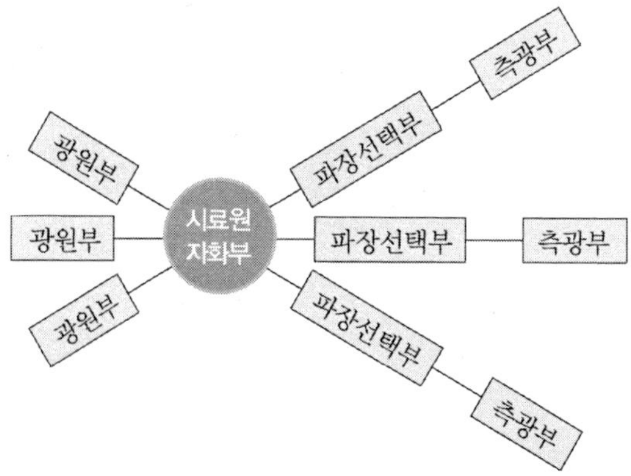

그림 4.15 Mult-Channel 방식

2.4.2 광원부

(1) 광원램프

가. 중공음극램프 : 원자흡광 분석용 광원은 원자흡광 스펙트럼선의 선폭보다 좁은 선폭을 갖고 휘도가 높은(高輝度) 스펙트럼을 방사하는 중공음극램프가 많이 사용된다. 중공음극램프는 양극(+)과 중공원통상(中空圓筒狀)의 음극(-)을 저압의 회유가스 원소와 함께 유리 또는 석영제의 창판(窓板)을 갖는 유리관 중에 봉입(封入)한 것으로 음극은 분석하려고 하는 목적의 단일원소 목적원소를 함유하는 합금 또는 소결합금(燒結合金)으로 만들어져 있다(그림 4.16 참조).

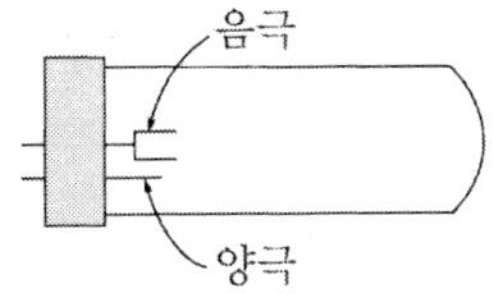

그림 4.16 Hollow Cathode Lamp의 구조

나. 기타 램프 : 나트륨(Na), 칼륨(K), 칼슘(Ca), 루비듐(Rb), 세슘(Cs), 카드뮴(Cd), 수은(Hg), 탈륨(TI)과 같이 비점(沸點)이 낮은 원소에서는 열음극(熱陰極)이나 방전램프를 사용할 수도 있다. 또 금속의 할로겐화물을 봉입하여 고주파 방전에 의하여 점등하는 방식의 방전램프를 사용할 수도 있다.

(2) 램프 점등장치

중공음극램프를 동작시키는 방식에는 직류점등 방식과 교류점등 방식이 있다. 직류점등 방식에서는 광원 램프와 시료의 원자화부와의 사이에 빛의 단속기(光斷續器)를 넣어 빛을 변조시키고 측광부에서는 변조된 교류 신호만을 검출 증폭하여 불꽃 자신이나 시료의 발광 등에 의한 영향을 제거하도록 하는 것이 보통이다. 교류점등 방식은 광원의 빛 자체가 변조되어 있기 때문에 빛의 단속기(Chopper)는 필요하지 않다.

직류 또는 교류점등 방식 모두 광원 램프의 점등 장치로서는 아래와 같은 조건을 구비하여야 한다.

가. 전원회로는 전류 또는 전압이 일정한 것이어야 한다.

나. 램프의 전륫값을 정밀하게 조정할 수 있는 것이어야 한다.

다. 램프의 수에 따라 필요한 만큼의 예비점등 회로를 갖는 것이어야 한다.

2.4.3 시료원자화부

시료원자화부는 시료를 원자 증기화 하기 위한 시료원자화 정치와 원자증기 중에 빛을 투과시키기 위한 광학계로 되어 있다.

(1) 시료 원자화장치

시료를 원자화하는 일반적인 방법은 용액상태로 만든 시료를 불꽃 중에 분무하는 방법이며 플라즈마 제트(Plasma Jet) 불꽃 또는 방전(Spark)을 이용하는 방법도 있다. 또 고체시료를 흑

연도가니 중에 넣어서 증발시키거나 음극 스퍼터(Sputtering)에 의하여 원자화시키는 방법도 있다.

가. 버너 : 버너에는 크게 나누어 시료 용액을 직접 불꽃 중으로 분무하여 원자화하는 전분무(全噴霧) 버너와 시료 용액을 일단 분무실 내에 불어넣고 미세한 입자만을 불꽃 중에 보내는 예혼합(豫混合) 버너가 있다. 전분무 버너는 그림 4.17과 같은 구조를 갖는 것으로 가연가스와 조연가스가 버너 선단부에서 혼합되어 불꽃을 형성하고 이때 빨아올린 시료 용액은 모두 이 불꽃 속으로 들어가게 된다. 예혼합 버너는 그림 4.18과 같이 분무기, 분무실 및 버너 머리(Burner Head)로 구성되고 가연성 가스에 의하여 분무된 시료나 가연성 가스가 미리 분무실 안에서 혼합되어 버너 머리로 보내게 되어 있다.

버너의 선단부에는 얇은 판막모양(Laminar型)의 안정된 불꽃을 만들기 위하여 그림 4.17와 같이 가늘고 긴 간극(細隙)이 있기 때문에 슬롯 버너(Slot Burner)라고도 불린다. 버너 선단부에 있는 세극 모양은 사용하는 가연성 가스와 조연성 가스의 종류에 따라 다르다. 또 분무실은 그림 4.17과 같은 것 이외에 그림 4.19와 같은 가열형 분무실(加熱型 噴霧室)도 사용된다.

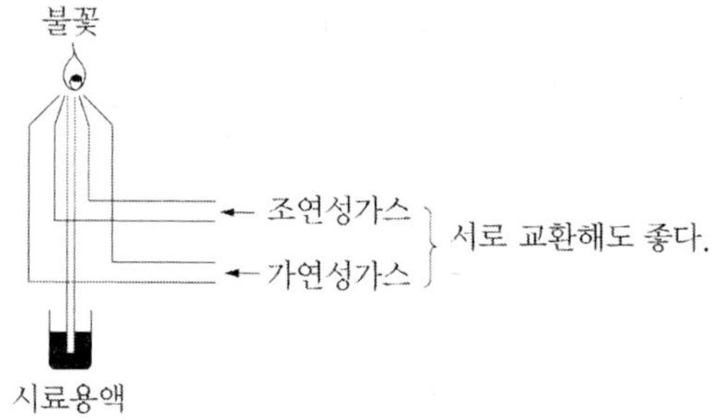

그림 4.17 전문무 버너

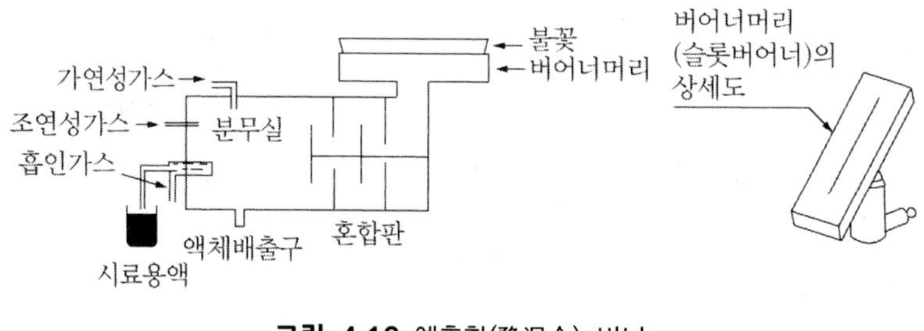

그림 4.18 예혼합(豫混合) 버너

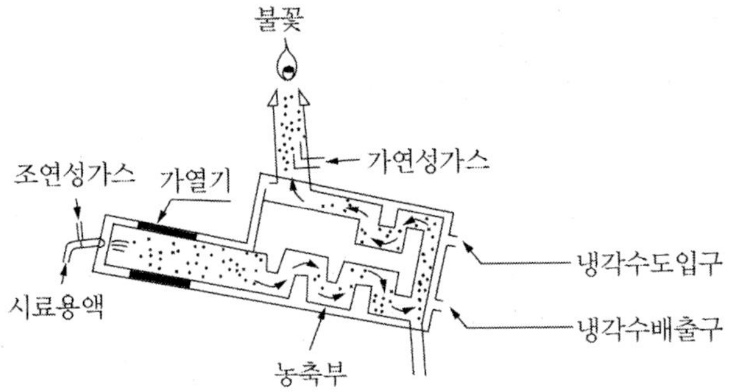

그림 4.19 가열형 분무식

나. 불꽃 : 원자흡광 분석에 사용되는 불꽃을 만들기 위한 조연성 가스와 가연성 가스의 조합은 수소 - 공기, 수소 - 공기 - 알곤, 수소 - 산소, 아세틸렌 - 공기, 아세틸렌 - 산소, 아세틸렌 - 아산화질소, 프로판 - 공기, 석탄가스 - 공기 등이 있다. 이들 가운데 수소 - 공기, 아세틸렌 - 공기, 아세틸렌 - 아산화질소 및 프로판 - 공기가 가장 널리 이용된다. 이 중에서도 수소 - 공기와 아세틸렌 - 공기는 거의 대부분의 원소분석에 유효하게 사용되며 수소 - 공기는 원자외 영역(原子外 領域)에서의 불꽃 자체에 의한 흡수가 적기 때문에 이 파장영역(波長領域)에서 분석선을 갖는 원소의 분석에 적당하다. 아세틸렌 - 아산화질소 불꽃은 불꽃의 온도가 높기 때문에 불꽃 중에서 해리(解離)하기 어려운 내화성 산화물(耐火性 酸化物 Refractory Oxide)을 만들기 쉬운 원소의 분석에 적당하다.

프로판 - 공기 불꽃은 불꽃 온도가 낮고 일부 원소에 대하여 높은 감도를 나타낸다. 어떠한 종류의 불꽃이라도 가연성 가스와 조연성 가스의 혼합비는 감도에 크게 영향을 주며 최적 혼합비는 원소에 따라 다르다. 또 불꽃 중에서의 원자 증기의 밀도 분포는 원소의 종류와 불꽃의 성질에 따라 다르다. 따라서 광원에서 나오는 빛을 불꽃의 어느 부분에 통과시키느냐에 따라 감도가 달라지기 때문에 분석온도나 분석조건에 따라서 불꽃 중의 가장 적당한 곳에 빛이 통과하도록 버너의 위치를 조절해 줄 필요가 있다.

다. 가스유량 조절기 : 가연성 가스 및 조연성 가스의 압력과 유량을 조절하여 적당한 혼합비로 안정한 불꽃을 만들어 주기 위하여 사용된다.

(2) 광학계

원자 흡광분석에서는 분석의 감도를 높여주고 안정한 측정치를 얻기 위하여 불꽃 중에 빛을 투과시킬 때 다음의 조건을 만족시킬 수 있어야 한다.

가. 빛이 투과하는 불꽃 중에서의 유효길이를 되도록 길게 한다.

나. 불꽃으로부터 빛(光速)이 벗어나지 않도록 한다.

가늘고 긴 세극을 갖는 슬롯 버너를 사용할 때는 빛이 투과하는 불꽃의 길이를 10 cm 정도까지 길게 할 수는 있지만 유효불꽃 길이를 그 이상으로 해 주려면 적당한 광학계를 이용하여 빛을 불꽃 중에 반복하여 투과시키는 멀티패스(Multi Path) 방식을 사용한다. 그림 4.20은 그 광학계의 보기를 나타낸 것이다.

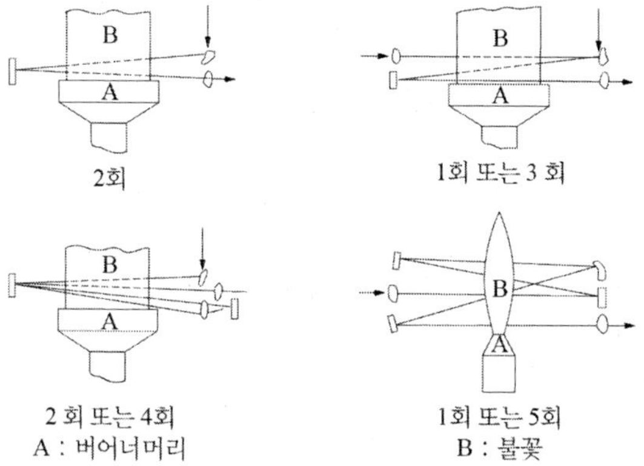

그림 4.20 여러 가지의 멀티패스 광학계

멀티패스 방식의 광학계에서는 되도록 불꽃 중의 동일한 부분에 빛을 집중적으로 투과시켜 주고 목적원소나 시료 농도에 따라 빛의 투과 횟수를 바꿔주는 것이 좋다.

2.4.4 분광기(파장 선택부)

분광기(파장 선택부)는 광원 램프에서 방사되는 휘선스펙트럼 가운데서 필요한 분석선만을 골라내기 위하여 사용되는데 일반적으로 회절격자(回折格子)나 프리즘(Prism)을 이용한 분광기가 사용된다.

(1) 분광기

분광기로서는 광원램프에서 방사되는 휘선 스펙트럼 중 필요한 분석선만을 다른 근접선이나 바탕(Background)으로부터 분리해 내기에 충분한 분해능(分解能)을 갖는 것이어야 한다. 또한 동시에 양호한 SN 비로 광전측광을 할 수 있는 밝기를 가질 것이 요망된다. 근접선이나 바탕의 상태는 사용하는 광원램프에 따라 다르기 때문에 목적원소에 따라 슬릿(Slit)의 폭을 바꾸어 목적하는 분석선만을 선택해내야 할 필요가 있다. 이때 슬릿의 폭은 목적하는 분석선을 분리해 낼 수 있는 범위 내에서는 되도록 넓게 하는 것이 좋다.

(2) 필터(Filter)

알칼리나 알칼리토류 원소와 같이 광원의 스펙트럼 분포가 단순한 것에서는 분광기 대신 간섭필터를 사용하는 수가 있다.

(3) 기타 분광 장치

광원부에 연속광원을 사용할 때는 매우 높은 분해능을 갖는 분광기가 필요하기 때문에 에탈론(Ethalon) 간섭분광기가 사용된다. 또힌 특수한 분광 장치로 공명발광(共鳴發光)의 원리를 응용한 공명 단색계(Resonance Monochrometer)가 있다.

2.4.5 측광부

측광부는 원자화된 시료에 의하여 흡수된 빛의 흡수 강도를 측정하는 것으로서 검출기, 증폭기 및 지시계기로 구성된다. 검출기로부터의 출력전류를 측정하는 방식에는 직류방식과 교류방식이 있다. 직류방식은 광원을 직류로 동작시키는 경우에 사용되며 교류방식은 광원을 교류로 동작시키는 경우나 광원을 직류로 동작시키고 광단속기(光斷續器, Chopper)로 단속시키는 경우에 이용된다.

(1) 검출기

사용하는 분석선의 파장에 따라 적당한 분광감도특성을 갖는 검출기가 사용된다. 원자외영역(遠紫外領域)에서부터 근적외 영역(近赤外 領域)에 걸쳐서는 광전자 증배관을 가장 널리 사용한다. 이 밖에 광전관 광전도셀(光電導 Cell), 광전지(光電池) 등도 이용된다.

(2) 증폭기

직류방식일 때는 검출기에서 나오는 출력신호를 직류 증폭기에서 증폭하고 교류방식일 때는 교류증폭기에서 증폭한 후 정류(整流)하여 지시계기로 보낸다. 교류방식에서는 불꽃의 빛이나 시료의 발광 등의 영향이 적다.

(3) 지시계기

지시계기는 증폭기에서 나오는 신호를 흡광도, 흡광률(%) 또는 투과율(%) 등으로 눈금을 읽기 위한 것으로 주로 직독식미터, 보상식 포텐쇼미터(補償式 Potentiometer), 기록계 디지탈 표시기(Digital 表示器) 등이 사용된다. 이때 대수변화기나 눈금확대기 등이 사용되고 측광 정밀도를 높이기 위하여 적분장치가 사용되기도 한다.

2.4.6 시료 및 기타재료

(1) 표준시료

순도가 높은 표준용 시약을 정확히 달아 목적원소의 농도를 단계적으로 나타나도록 용해 희석하여 여러 개의 표준용액을 만든다. 시약은 적어도 1급 이상의 것을 사용하며 특히 풍화, 조해, 화학변화 등에 의한 농도의 변화가 없는 것이어야 한다. 이때 필요하면 재결정, 승화, 재침전 등의 방법으로 불순물을 제거 또는 정제한다. 용매로서의 물이나 유기화합물은 적절한 표시 방법에 따라 정제한 것을 사용하고 바탕시험치(空試驗値)는 되도록 작은 값이 되도록 한다. 표준시료 용액은 분석시료 용액과 물리적 화학적 성질이 되도록 비슷하고 특히 공존물질의 조성이나 존재량이 같도록 제조하여 간섭을 피하도록 한다.

(2) 분석시료

고체나 고체와 비슷한 상태의 시료는 물에 녹여 희석한 다음에 분석하는 것을 원칙으로 한다. 물에 녹지 않는 시료는 적당한 산 알칼리 또는 유기용매 등을 사용하여 녹이든가 알칼리 용융(熔融)이나 불화수소산처리, 강산화제에 의한 분해, 가열회화(加熱灰化) 또는 기타 방법에 의하여 가용성으로 한 다음 이것을 물로 추출한다. 어떠한 경우도 여기서 얻어진 불용성 물질은 다시 적당한 방법에 의하여 따로 재용해(再溶解) 시킨다.

액체시료는 직접 물로 희석하여 분석하는 일이 많으나 유지성(油脂性) 시료 같은 물질은 유기용매를 사용하여 용해 희석한다. 이때 필요하면 여과 원심분리 또는 고체 시료에서와 같은 화학적 처리를 해야 하는 경우도 있다. 시료 용액은 일반적으로 불필요하게 농도를 높게 하는 것보다 오히려 묽은 용액의 상태로 하는 것이 측광 정밀도가 높은 분석 결과를 얻을 수 있다.

시료 용액 중에 있는 다량 또는 어떤 특정한 공존물질로 인하여 미량의 목적 원소분석이 간섭받을 경우는 표준시료 용액에 동일 공존물질을 등량첨가(等量添加)하여 분석하는 방법, 특수한 유기시약이나 유기용매로 목적원소만을 추출하여 분석하는 방법, 일정한 시약을 첨가하여 간섭을 억제하는 방법 등을 이용한다.

제조한 시료 용액은 장시간 방치하면 가수분해, 산화환원 등의 화학변화가 일어나는 수가 있다. 특히 용기에 뚜껑이 없이 노출되는 경우는 먼지 등에 의한 오염이나 용매의 증발에 의한 농도변화가 일어나기 쉬우므로 제조 후에는 되도록 신속하게 분석해야 한다.

(3) 순수한 물과 유기용매

시료의 용액 희석 또는 먼저 행한 분석시료에 의한 오염을 세척, 제거하기 위해서는 아주 순수한 물이 필요하다. 이 목적에 적합한 물로서는 일반적으로 양, 음(陽, 陰) 이온교환 수지층을 통과시켜 얻은 탈염수(脫塩水)나 재증류수를 사용한다. 그러나 이온교환 수지로서는 용존하는 콜로이드(Colloid)성 물질이나 용존 가스 등을 제거할 수 없기 때문에 증류와 이온교환 처리를 병용(併用)하는 것이 좋다.

용존하는 가스는 증류해도 완전히 제거되지는 않지만 실험실에서 문제되는 가스는 수돗물 중의 염소 이외에 CO_2, SO_2 또는 그밖에 예상할 수 있는 가스가 대부분이기 때문에 적당한 제거 조작으로 제거할 수가 있다. 유기용매는 일반적으로 증류에 의하여 정제할 수가 없지만 경우에 따라서 다른 시약을 첨가하여 증류하든가 분액깔때기를 사용하여 씻어 낸 다음 증류하는 방법을 쓴다.

(4) 가연성 가스와 조연성 가스

가연성 가스로는 순도가 높은 것을 사용한다. 조연성 가스로서의 공기는 일반적으로 공기압축기에 의하여 공급되는 것이 보통이고 먼지는 충분히 제거한다.

2.5 조작법

2.5.1 시료의 제조

각각 분석시료에 적당한 방법으로 시료를 처리하여 시료 용액을 만든다.

2.5.2 측정조건의 결정

(1) 버너 및 불꽃의 선택

분석시료 및 목적원소에 가장 적당한 버너와 불꽃을 선택한다.

(2) 분석선의 선택

감도가 가장 높은 스펙트럼선을 분석선으로 하는 것이 일반적이지만 시료 농도가 높을 때에는 비교적 감도가 낮은 스펙트럼선을 선택하는 경우도 있다.

(3) 램프 전륫값의 설정

일반적으로 광원 램프의 전륫값이 높으면 램프의 감도가 떨어지고 수명이 감소하므로 광원 램프는 장치의 성능이 허락하는 범위 내에서 되도록 낮은 전륫값에서 동작시킨다.

(4) 분광기 슬릿(Slit) 폭의 설정

양호한 SN 비를 얻기 위하여 분광기의 슬릿 폭은 목적으로 하는 분석선을 분리할 수 있는 범위 내에서 되도록 넓게 한다(이웃의 스펙트럼선과 겹치지 않는 범위 내에서).

(5) 가연성 가스 및 조연성 가스의 유량과 압력조절

시료의 성질 목적원소의 감도, 안정성 등을 고려하여 가연성 가스 및 조연성 가스의 유량과 압력을 가장 적당한 값으로 설정한다.

(6) 불꽃 중을 투과하는 광속(光速)의 위치결정

불꽃 중에서의 시료의 원자 밀도 분포와 원소 불꽃의 상태 등에 따라 다르므로 불꽃의 최적 위치에서 빛(光速)이 투과하도록 버너의 위치를 조절한다.

※ 비고 : 측정조건을 결정할 때는 장치에 관한 다음과 같은 특성을 알고 사용하여야 한다.

1. 측정 가능한 파장 범위
2. 분광기의 슬릿 폭과 인접선과의 관계
3. 광원 램프의 휘선 스펙트럼의 프로필과 그 흡광 감도
4. 광원 램프의 특성
5. 불꽃의 성질과 버너의 특성
6. 각 원소에 대한 장치의 흡광 감도
7. 검출기의 분광감도 특성

2.6 측정순서

1. 전원 스위치 및 관련 스위치를 넣어 측광부에 전류를 통한다.
2. 광원 램프를 점등하여 적당한 전륫값으로 설정한다.
   다수의 광원 램프를 동시에 사용할 경우는 미리 예비 점등을 시켜두면 편리하다.
3. 가연성 가스 및 조연성 가스 용기가 각각 가스 유량 조정기를 통하여 버너에 파이프로 연결되어 있는가를 확인한다.
4. 가스 유량 조절기의 밸브를 열어 불꽃을 점화하여 유량조절 밸브로 가연성 가스와 조연성 가스의 유량을 조절한다.
5. 분광기의 파장 눈금을 분석선의 파장에 맞춘다.
6. 0을 맞춘다(이때 광원으로부터 광속(光速)을 차단하고 용매를 불꽃 중에 분무시킨다) 0을 맞춘다는 것은 투과백분율 눈금으로 지시계기의 가르침을 0%에 맞추는 것이다.
7. 100을 맞춘다(이때 광원으로부터의 광속은 차단을 푼다). 100을 맞춘다는 것은 투과 백분율 눈금으로 지시계기의 가리킴을 100%에 맞추는 것이다.
8. 시료 용액을 불꽃 중에 분무시켜 지시한 값을 읽어 둔다.
   지시한 값이 투과백분율만으로 표시되는 경우는 보통 흡광도로 환산한다.
   ※ 비고 : 6, 7, 8에 나타낸 바와 같이 0이나 100을 맞추는 조작을 행하지 않고 표준용액 영역에 지시된 값에 대응하는 적당한 눈금을 맞추는 방법도 있다.

2.7 검량선의 작성과 정량법

2.7.1 검량선의 직선 영역

원자흡광분석에 있어서의 검량선은 일반적으로 저농도 영역에서는 양호한 직선성을 나타내지만 고농도 영역에서는 여러 가지 원인에 의하여 휘어진다. 따라서 정량을 행하는 경우는 직선성이 좋은 농도 또는 흡광도의 영역을 사용하지 않으면 안 된다.

2.7.2 검량선법

검량선은 적어도 3종류 이상의 농도의 표준시료 용액에 대하여 흡광도를 측정하여 표준물질의 농도를 가로대에, 흡광도를 세로대에 취하여 그래프를 그려서 작성한다. 그림 4.21(a)에 따라서 분석시료에 대하여 흡광도를 측정하고 검량선의 직선영역에 의하여 목적성분의 농도를 구한다. 이 방법은 분석시료의 조성과 표준시료와의 조성이 일치하거나 유사하여야 한다. 조성이 다른 경우는 조성의 차로 인한 분석오차가 분석정밀도에 대하여 무시될 수 있는가를 확인해 둘 필요가 있다.

2.7.3 표준첨가법

같은 양의 분석시료를 여러 개 취하고 여기에 표준물질이 각각 다른 농도로 함유되도록 표준용액을 첨가하여 용액 열을 만든다. 이어 각각의 용액에 대한 흡광도를 측정하여 가로대에 용액 영역 중의 표준물질 농도를, 세로대에는 흡광도를 취하여 그래프용지에 그려 검량선을 작성한다. 그림 4.21(b)에 있어서 목적성분의 농도는 검량선이 가로대와 교차하는 점으로부터 첨가 표준물질의 농도가 0인 점까지의 거리로써 구한다.

이 방법이 유효한 범위는 7(2)를 쓴 경우에 검량선이 저농도 영역까지 양호한 직선성을 가지며 또한 원점을 통하는 경우에만 한하고 그 이외에는 분석오차를 일으킨다.

2.7.4 내부표준법

이 방법은 분석시료 중에 다량으로 함유된 공존 원소 또는 새로운 분석시료 중에 가한 내부표준원소(목적원소와 물리적 화학적 성질이 아주 유사한 것이어야 한다)와 목적원소와의 흡광도 비를 구하는 동시 측정을 행한다. 목적원소에 의한 흡광도 AS와 표준원소에 의한 흡광도 AR와의 비를 구하고 AS/AR 값과 표준물질 농도와의 관계를 그래프에 작성하여 검량선을 만든

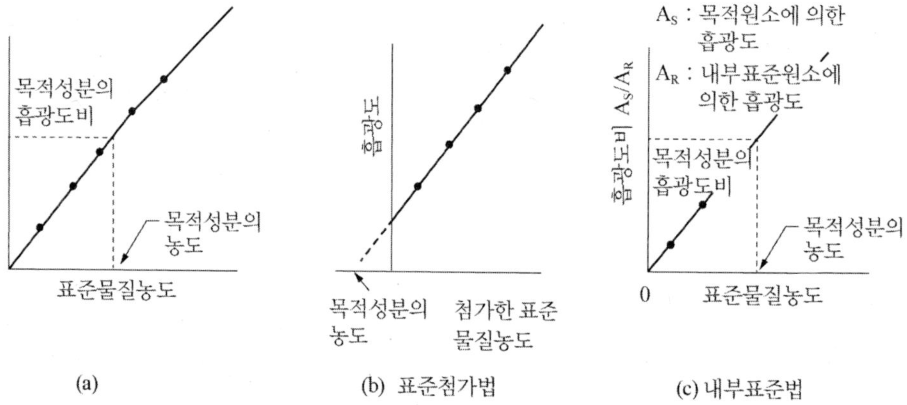

주) 상기 검량선의 세로대는 흡광도에 비례한 지시계의 눈금이라도 좋다.

그림 4.21 각종 정량법에 의한 검량선

다[그림 4.21(c)]. 이 방법은 측정치가 흩어져 상쇄하기 쉬우므로 분석값의 재현성이 높아지고 정밀도가 향상된다.

2.8 시료 농도의 산출

7에 의한 검량선에 의하여 얻어진 목적성분 농도로부터 W/W%, W/V%, PPM 등의 단위에 의하여 시료 농도를 산출한다.

2.9 간섭

원자흡광분석에서 일어나는 간섭은 일반적으로 분광학적 간섭, 물리적 간섭, 화학적 간섭으로 나뉜다.

2.9.1 분광학적 간섭

이 종류의 간섭은 장치나 불꽃의 성질에 기인하는 것으로서 다음과 같은 경우에 일어난다.

(1) 분석에 사용하는 스펙트럼선이 다른 인접선과 완전히 분리되지 않는 경우

(2) 분석에 사용하는 스펙트럼의 불꽃 중에서 생성되는 목적원소의 원자 증기 이외의 물질에 의하여 흡수되는 경우

(1)의 경우는 파장선택부의 분해능이 충분하지 않기 때문에 일어나며 검량선의 직선영역이 좁고 구부러져 있어 분석감도 정밀도도 저하된다. 이때는 다른 분석선을 사용하여 재분석하는 것이 좋다.

(2)의 경우는 표준시료와 분석시료의 조성을 더욱 비슷하게 하며 간섭의 영향을 어느 정도까지 피할 수 있다.

2.9.2 물리적 간섭

시료 용액의 점성이나 표면장력 등 물리적 조건의 영향에 의하여 일어나는 것으로 보기를 들면 시료 용액의 점도가 높아지면 분무 능률이 저하되며 흡광의 강도가 저하된다. 이러한 종류의 간섭은 표준시료와 분석시료와의 조성을 거의 같게 하여 피할 수 있다.

2.9.3 화학적 간섭

이 종류의 간섭은 원소나 시료에 특유한 것으로 다음과 같은 경우에 일어난다.

(1) 불꽃 중에서 원자가 이온화하는 경우

(2) 공존물질과 작용하여 해리하기 어려운 화합물이 생성되어 흡광에 관계하는 기저상태(基底狀態)의 원자 수가 감소하는 경우

(1)은 이온화 전압이 낮은 알칼리 및 알칼리토류 금속원소의 경우에 많고 특히 고온 불꽃을 사용한 경우에 두드러진다. 이 경우는 이온화 전압이 더 낮은 원소 등을 첨가하여 목적원소의 이온화를 방지하여 간섭을 피할 수 있다. (2)는 공존하는 물질이 음이온의 경우와 양이온의 경우가 있으나 일반적으로 음이온 쪽의 영향이 크다. 이들의 간섭을 피하는 데는 ① 이온교환이나 용매추출 등에 의한 방해물질의 제거 ② 과량의 간섭 원소의 첨가 ③ 간섭을 피하는 양이온(보기 : 란타늄, 스트론튬, 알칼리 원소 등), 음이온 또는 은폐제, 킬레이트제 등의 첨가 ④ 목적원소의 용매추출 ⑤ 표준첨가법의 이용 등의 방법이 취해진다.

2.10 용매

원자흡광분석은 사용하는 용매에 따라 감도가 변하는 경우가 있다. 예를 들면 강한 산성 또는 강한 알칼리성 용액의 경우(특히 강한 알칼리성 용액의 경우에 현저하다) 용액의 점성이 증가하거나 기타에 의하여 흡광도가 떨어진다. 또 특정의 음이온(PO_4^{3-}, SO_4^{2-} 등)을 함유하는 용매는 목적원소와 2.9에 언급된 간섭을 일으켜 흡광도를 떨어뜨리는 일이 많다. 시료 용액에 유기용매를 가하면 흡광도가 높아지는 경우가 있으며 특히 유기용매로써 목적원소를 킬레이트로 추출하면 미량원소의 정량 및 간섭물질의 제거에 유효하다. 그러나 이 경우 불꽃이 불안정하게 되거나 불꽃 자체에 의한 흡광이 증대되지 않는 용매를 선택할 필요가 있다.

2.11 주의사항

2.11.1 장치의 설치

(1) 온도, 습도 및 직사광선 : 고온 또는 극단의 저온, 급격한 온도변화, 습기가 많은 장소 및 직사광선이 쪼이는 장소를 피한다.

(2) 먼지 : 가능한 한 먼지가 적은 장소를 택한다. 실험실 내에서는 실내화를 착용하는 것이

좋다.

(3) 진동 : 가능한 한 진동이 적은 장소이어야 한다.

(4) 환기 : 통풍이 잘되는 장소가 좋고 불꽃 연소부의 위쪽에 Hood 등의 배기 설비를 갖추어야 한다.

2.11.2 고압가스의 취급

고압가스의 취급은 「고압가스안전관리법」에 의거하여 충분히 주의하여 행하고 고압가스통을 사용하는 경우는 규격에 맞는 검사필의 것을 사용한다. 가스는 완전히 빌 때까지 사용하지 않도록 주의해야 한다. 이것은 아세틸렌이나 프로판 통이 거의 비었을 때 가스의 조성이 변화하기 때문인데 일반적으로 제조원에서 가스를 다시 충전할 때 사고가 일어날 위험을 막기 위한 것이다. 가스통은 가능한 한 옥외에 설치하고 가스는 배관을 통하여 장치에 도입되도록 하는 것이 좋다. 아세틸렌을 사용할 경우는 구리 또는 구리합금의 관을 사용하여서는 안 된다.

2.11.3 불꽃의 취급

불꽃의 점화 및 소화 시에는 특히 주의하여야 한다. 아세틸렌을 사용하는 경우 특히 아세틸렌 - 아산화질소 불꽃을 사용하는 경우는 역화의 폭발을 특별히 주의하여야 한다. 또한 아산화질소용 감압밸브는 동결 방지형의 것을 사용한다. 만일의 경우에 대비하여 소화기나 소화용 모래를 준비해 두어야 한다.

2.12 분석 결과의 정리 및 검토

2.12.1 분석 결과의 정리

측정 결과에는 다음의 제 사항을 기재하여야 한다.

(1) 장치의 명칭과 형식

(2) 분석선의 파장

(3) 분광기의 경우는 슬릿 폭

(4) 필터의 경우는 필터 번호 또는 특성 파장

(5) 광원 램프의 종류 및 전류치

(6) 버너의 종류

(7) 가연성 가스와 조연성 가스의 종류

(8) 가연성 가스 및 조연성 가스의 유량과 압력
(9) 멀티패스 광학계의 경우는 빛의 투과 횟수
(10) 시료 용액의 조성
(11) 시료 용액의 산 또는 알칼리 농도(또는 pH 값)
(12) 용매
(13) 시료의 처리 방법
(14) 기타 필요사항

2.12.2 분석오차의 원인

분석의 오차는 일반적으로 다음의 요인에 의하여 생기는 경우가 많으므로 미리 충분히 검토하여야 한다.

(1) 표준시료 선택의 부적당 및 제조의 잘못
(2) 분석시료의 처리 방법과 희석의 부적당
(3) 표준시료와 분석시료의 조성이나 물리적 화학적 성질의 차이
(4) 공존물질에 의한 간섭
(5) 광원 램프의 드리프트(Drift) 열화(劣化)
(6) 광원부 및 파장 선택부의 광학계의 조정 불량
(7) 측광부의 불안정 또는 조절 불량
(8) 분무기 또는 버너의 오염이나 폐색
(9) 가연성 가스 및 조연성 가스의 유량이나 압력의 변동
(10) 불꽃을 투과하는 광속의 위치의 조정 불량
(11) 검량선 작성의 잘못
(12) 계산의 잘못

2.12.3 분석값의 신뢰성

정확한 분석값을 얻기 위하여는 사용하는 장치 분석조건 측정 조작의 적정 선택이 당연하나 얻어진 분석값의 신뢰성에 대하여 충분히 검토하여야 한다.

(1) 반복정밀도

반복정밀도 $\overline{\sigma}_M$은 믿을 수 있는 동일 시료를 특정의 동일인이 동일한 분석장치와 분석조건에

서 동일시기에 반복하여 여러 번 측정한 결과로부터 구한 표준편차로서, 사용하는 장치, 분석시료 및 분석 원소, 시료의 성질과 농도 범위, 분석조건 등에 따라 다르다.

반복정밀도는 다음의 계산식에 의하여 구해진다.

$$\bar{\sigma}_M = \sqrt{\frac{\sum(\chi i - \bar{x})^2}{n-1}} = \sqrt{\frac{\sum \chi i^2 - (\sum \chi i)^2/n}{n-1}}$$

여기서, xi : 개개의 분석값

$\bar{x}$: 개개의 분석값의 산술 평균

n : 분석값의 개수(n은 10 이상이어야 한다.)

(2) 재현정밀도

상당히 장기간에 걸쳐서 연속하여 분석을 행하는 경우 아래와 같은 장치가 뜨거워지나 불꽃의 연소 조건의 변화 등에 의하여 재현성이 저하된다. 따라서 장치를 사용하는 경우는 그때마다 적어도 1회는 표준시료(또는 특정시료)를 사용하여 분석값 또는 검량선의 재현 정도를 관리할 필요가 있다. 일상 분석에 있어서는 동일장치에 의하여 외관상 동일한 측정조건에서 분석을 행하여도 그 이전에 작성된 검량선을 그대로 사용하는 것을 피해야 한다. 새로 제조한 표준시료 혹은 상당히 장기간에 걸쳐서 기지 농도를 안정하게 가지는 특정 시료에 대하여는 동일 조건에서 측정하여 고치는 것이 바람직 하나 이전에 작성된 검량선과 완전히 일치하는 검량선이 얻어지도록 장치의 감도 등을 조절할 수도 있다.

가. 광원 램프의 열화 또는 특성의 변화에 기인하는 스펙트럼선의 선 프로필 및 강도의 변화

나. 가연성 가스 및 조연성 가스의 유량과 압력의 변동에 의한 변화

다. 분무기 노즐의 폐색에 의한 분무실 내에서의 전회의 분석시료에 의한 오염

라. 버너 선단부에 있어서의 탄소나 탄화물 기타 염류 등의 고형물의 생성이나 불꽃 온도의 불균일

마. 불꽃 중을 투과하는 광속위치의 변화

(3) 화학분석값과의 비교

종래 원자흡광광도법이 적용되지 않은 시료를 처음으로 분석하는 경우는 얻어진 측정값을 그 시료에 대하여 같은 정밀도로 행해진 신뢰도가 높은 분석법에 의한 화학분석값과 비교하여 분석값의 신뢰성을 충분히 검토하여야 한다.

실험 3. 수돗물 및 미네랄 워터 중 Mg, Ca의 정량

1. 목적

수돗물에 함유되어 있는 Mg, Ca를 원자흡광분석장치로 측정하고 검량선법으로 양을 구한다.

2. 준비

(1) 시료

수돗물, 미네랄 워터

(2) 기구

비커, 메스플라스크, 홀피펫, 메스피펫

(3) 약품

Ca 표준원액, Mg 표준원액

3. 방법

(1) 장치의 설정

Hallow Cathode Lamp 준비(Ca : 422.4 nm, Mg : 285.2 nm) 램프 전류, 확대율, 버너, 연료, 조연 가스, 기록지 이송 속도를 설정한다.

(2) 시료조제

① Ca 정량용

수돗물 25 mL을 정확히 취하여 50 mL의 메스플라스크에 넣고 정제수로 표선까지 희석한다.

② Mg 정량용

수돗물 2 mL을 정확히 취하여 50 mL 메스플라스크에 넣고 정제수로 표선까지 희석한다.

③ 미네랄 수에 대해서도 똑같이 행한다.

④ 표준용액

- 칼슘 표준원액 1,000 ppm을 100 ppm으로 희석한다(원액 10 mL을 취하여 정제수로 100 mL로 희석).
- 마그네슘 표준원액 1000 ppm을 10 ppm으로 희석한다(원액 10 mL를 취하여 정제수로 1,000 mL로 희석).

⑤ 검량선용 표준용액

표준용액을 각각 취하여 정제수로 희석하여 아래 표와 같은 농도의 용액을 만든다.

단위 : ppm

Ca	5	10	15	20
Mg	0.2	0.4	0.6	0.8

4. 결과의 처리

(1) 기록지의 피크 높이를 측정하여 표로 나타낸다.

표 4.5 결과의 기록 예(Ca인 경우)

Std(ppm)	피크 높이(mm)	시료 명	피크 높이(mm)	농도(ppm)
5		수돗물		
10		미네랄워터 A		
15		미네랄워터 B		
20		온천수		
⋮		⋮		

(주) 흡광도는 기록지의 피크 높이로 한다.

(2) 검량선의 작성

Ca, Mg 각각에 대하여 검량선을 만든다.

실험 4. 암염 중 금속의 정량분석

1. 목적

암염을 처리하여 원자흡광분석장치로 Fe, Mn, Cr을 정량한다. 시료의 전처리에 대하여 배운다.

2. 준비

(1) 시료

암염

(2) 기구

막자사발, 메스플라스크, 홀피펫, 비커, 증발접시, 깔때기

(3) 약품

1N 암모니아수, 염산, 염화란탄, 질산

3. 방법

(1) 장치의 설정

중공 음극램프(hallow cathode lamp) : Fe ; 248.3 nm, Mn ; 279.5 nm, Cr ; 357.9 nm, Ni ; 232.0 nm, 램프 전류, 확대율, 버너, 연료, 조연 가스, 기록지 이송 속도를 설정한다.

(2) 시료조제

① 시료를 25메시(mesh) 이하로 갈아 부순 다음 100 g을 정확히 칭량하여 정제수 500 mL에 용해한다.

② 불용 잔유물을 여과하여 제거한 후, 염화란탄 100 mg을 가한다.

③ 염화란탄이 완전히 용해된 후, 1 N 암모니아수를 교반하면서 적하하고 미량중금속을 수산화란탄과 공침시킨다.

④ 원심분리기로 분리한다.

⑤ 분리된 침전물을 1 N 염산으로 용해시킨 후 증발 건고한다.

⑥ 정제수로 용해하여 전체 부피를 10 mL로 한다.

(3) 표준용액의 조제

순수한 금속철, 금속망간, 금속크롬을 정확히 계측하여 소량의 염산으로 용해하고 정제수로 희석하여 표준액으로 한다. 금속니켈을 정확히 칭량하여 질산(1:3)에 용해한 후, 정제수로 희석한다. 계측한 양과 희석한 후의 전체 양에서 농도를 계산하여 둔다.

(4) 검량선용 표준용액의 조제

진한 표준액을 정제수로 희석하여 아래와 같은 농도를 갖는 용액을 만든다.

단위 : ppm

Fe	2.5	5	7.5	10
Mn	1	2	4	5
Cr	1	2	4	5
Ni	1	2	4	5

(주) 농도를 정확히 만드는 데는 어려움이 따르므로 팩터(factor)를 기록하여 둔다.

4. 결과의 처리

(1) 기록지의 피크 높이를 측정하여 표로 작성한다.

(2) 검량선의 작성

3 대기오염공정시험기준에 따른 이온크로마토그래프법(Ion Chromatography)의 소개

3.1 원리 및 적용 범위

이 방법은 이동상으로는 액체를, 그리고 고정상으로는 이온교환수지를 사용하여 이동상에 녹는 혼합물을 고분리능 고정상이 충전된 분리관 내로 통과시켜 시료 성분의 용출상태를 전도도 검출기 또는 광학 검출기로 검출하여 그 농도를 정량하는 방법으로 일반적으로 강수물(비, 눈, 우박 등), 대기 먼지, 하천수 중의 이온 성분을 정성, 정량분석하는 데 이용한다.

3.2 개요

고성능 이온크로마토그래피에서는 저용량의 이온교환체가 충진 되어 있는 분리관 중에서 강전해질의 용리액을 이용하여 용리액과 함께 목적이온 성분을 순차적으로 이동시켜 분리 용출한 다음 써프레서(Suppressor)에 통과시켜 용리액에 포함된 강전해질을 제거한다. 이어서 강전해질이 제거된 용리액과 함께 목적이온 성분을 전기전도도 셀에 도입하여 각각의 머무름시간에 해당하는 전기 전도도를 검출함으로써 각각의 이온 성분의 농도를 측정한다.

3.3 장치

3.3.1 장치의 개요

일반적으로 사용하는 이온크로마토그래피는 (그림)과 같이 용리액조, 송액펌프, 시료주입장치, 분리관, 써프렛서, 검출기 및 기록계로 구성되며 분리관에서 검출기까지는 측정목적에 따라 다소 차이가 있다.

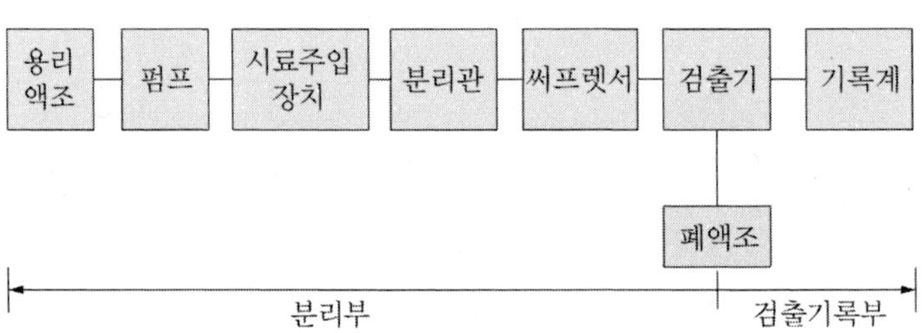

그림 4.22 이온크로마토그래피의 구성 예

3.3.2 용리액조

이온 성분이 용출되지 않는 재질로써 용리액을 직접 공기와 접촉시키지 않는 밀폐된 것을 선택한다. 일반적으로 폴리에틸렌이나 경질 유리제를 사용한다.

3.3.3 송액 펌프

송액 펌프는 일반적으로 다음 조건을 만족시키는 것을 사용하여야 한다.

(1) 맥동(脈動)이 적은 것
(2) 필요한 압력을 얻을 수 있는 것
(3) 유량조절이 가능할 것
(4) 용리액 교환이 가능할 것

3.3.4 시료 주입 장치

일정량의 시료를 밸브 조작에 의해 분리관으로 주입하는 루프 주입방식이 일반적이며 셉텀(Septum) 방법, 셉텀레스(Septumless) 방식 등이 사용되기도 한다.

3.3.5 분리관

이온교환체의 구조 면에서는 표층피복형(表層被覆型), 표층박막형(表層薄膜型), 전다공성 미립자형(全多孔性 微粒子型)이 있으며, 기본 재질 면에서는 폴리스틸렌계, 폴리아크릴레이트계 및 실리카계가 있다. 또 양이온 교환체는 표면에 술폰산기를 보유한다. 분리관의 재질은 내압성, 내부식성으로 용리액 및 시료액과 반응성이 적은 것을 선택하며 에폭시 수지관 또는 유리관이 사용된다. 일부는 스테인레스관이 사용되지만 금속이온 분리용으로는 좋지 않다.

3.3.6 써프렛서

써프렛서란 용리액에 사용되는 전해질 성분을 제거하기 위하여 분리관 뒤에 직렬로 접속시킨 것으로써 전해질을 물 또는 저 전도도의 용매로 바꿔줌으로써 전기 전도도 셀에서 목적이온 성분과 전기 전도도만을 고감도로 감출할 수 있게 해주는 것이다. 써프렛서는 관형과 이온교환 막형이 있으며, 관형은 음이온에는 스티롤계 강산형(H^+) 수지가, 양이온에는 스티롤계 강염기형(OH^-)의 수지가 충진된 것을 사용한다.

3.3.7 검출기

검출기는 분리관 용리액 중의 시료 성분의 유무와 양을 검출하는 부분으로 일반적으로 전도도 검출기를 많이 사용하고, 그 외 자외선, 가시선 흡수검출기(UV, VIS 검출기), 전기화학적 검출기 등이 사용된다.

(1) 전기 전도도 검출기

분리관에서 용출되는 각 이온종을 직접 또는 써프렛서를 통과시킨 전기 전도도계 셀 내의 고정된 전극 사이에 도입시키고 이때 흐르는 전류를 측정하는 것이다.

(2) 자외선 및 가시선 흡수 검출기(UV, VIS 검출기)

자외선흡수검출기(UV 검출기)는 고성능 액체크로마토그래피 분야에서 가장 널리 사용되는 검출기이며, 최근에는 이온크로마토그래피에서도 전기 전도도 검출기와 병행하여 사용되기도 한다. 또한 가시선 흡수 검출기(VIS 검출기)는 전이금속 성분의 발색반응을 이용하는 경우에 사용된다.

(3) 전기화학적 검출기

정전위 전극반응을 이용하는 전기화학 검출기는 검출 감도가 높고 선택성이 있는 검출기로써 분석화학 분야에 널리 이용되는 검출기이며 전량(全量) 검출기, 암페로 메트릭 검출기 등이 있다.

3.4 설치 및 조작

3.4.1 설치조건

(1) 실온 10~25℃, 상대습도 30~85% 범위로 급격한 온도변화가 없어야 한다.
(2) 진동이 없고 직사광선을 피해야 한다.
(3) 부식성 가스 및 먼지 발생이 적고 환기가 잘 되어야 한다.
(4) 대형변압기, 고주파가열 등으로부터의 전자유도를 받지 않아야 한다.
(5) 공급전원은 기기의 사양에 지정된 전압 전기용량 및 주파수로 전압변동은 10% 이하이고 주파수 변동이 없어야 한다.

3.4.2 조작

(1) 분석조건의 설정

각 분석 방법에 따라 다음의 항목을 소정의 값으로 조절한다.

가. 용리액의 종류 및 유량

나. 분리관의 종류

다. 분리관의 온도

라. 검출기의 감도

마. 기록지 이동속도

(2) 바탕선의 안정도 확인

검출기 및 기록계를 소정의 작동상태로 하였을 때 바탕선의 안전상태를 확인한다.

(3) 시료 주입

시료 주입량에 따라 적당한 부피의 미량주사기를 사용하여 시료 주입구로부터 빠르게 주입한다.

(4) 크로마토그램의 기록

시료 주입 직후 기록지에 시료 주입점을 기입한다. 시료 성분의 피크가 기록지 상에서 끊어지는 일이 없도록 하고 가능한 큰 피크를 그릴 수 있도록 성분에 따라 감도를 조절할 것.

(5) 크로마토그램의 정리

크로마토그램의 정리는 다음 사항을 정리 기재한다.

가. 날짜

나. 장치명

다. 시료명 및 시료주입량(μL 또는 mL)

라. 용리액의 종류, 농도 및 유량(L/min)

마. 분리관의 재질, 반지름(mm), 길이(cm)

바. 분리관의 충진물의 종류

사. 분리관의 온도, 실온, 분리관 입구 압력(kg/cm^2)

아. 검출기의 종류 및 조작조건

자. 기록계의 감도(mV) 및 이동속도(mm/min)

차. 화학반응을 이용한 경우는 반응액 및 반응 시약의 종류 및 유량(L/min), 용리액과 반응액의 혼합비와 반응조건

카. 조작자명

타. 기타 필요한 사항

3.5 정성분석

같은 조건에서 측정한 미지성분의 머무름시간과 예측되는 물질의 피크의 머무름시간을 비교한다. 이 경우 어떤 피크가 꼭 하나의 성분에만 대응한다고는 볼 수 없으므로 고정상이나 용리액 종류를 변경하는 등 분리 조건을 바꾸어서 측정하든지 또는 다음의 방법을 이용해서 확인한다.

(1) 다른 검출기의 사용

(2) 화학반응의 이용

(3) 질량분석법 또는 적외선 분광법 등의 이용

(4) 크로마토그램 바탕에 의한 방법

3.5.1 보유치

보유치의 종류로는 머무름시간(Retention time), 머무름 부피(Retention Volume), 비보유용량, 보유비, 보유지표 등이 있다. 머무름시간을 측정할 때는 3회 측정하여 그 평균치를 구한다. 일반적으로 5~30분 정도에서 측정하는 피크의 머무름시간을 반복 시험을 할 때 ± 3% 오차범위 이내이어야 한다.

3.5.2 다른 방법을 병용(併用)한 정성분석

다른 방법을 병용할 때는 반응관, 사용검출기, 분취 방법, 기타 사용 방법 등에 대한 설명 및 의견을 덧붙일 수가 있다.

3.6 정량분석

정량분석은 각 분석에서 규정하는 방법에 따라 시험하여 얻어진 크로마토그램(Chromatogram)의 재현성, 시료 성분의 양, 피크의 면적 또는 높이와의 관계를 검토하여 분석한다. 이때 정확한 정량결과를 알기 위해서는 크로마토그램의 각 곡선 피크는 대칭적이고 각각 완전히 분리되어야 한다.

3.6.1 곡선의 면적 또는 피크 높이 측정

(1) 피크의 높이 측정

가스크로마토그래피의 정량분석에 따른다.

(2) 곡선의 넓이 측정

가스크로마토그래피의 정량분석에 따른다.

3.6.2 정량법

얻어진 크로마토그램으로부터 피크 면적 또는 피크 높이와 성분량의 관계를 구하는 데는 다음과 같은 방법들이 있다.

(1) 절대검량선법
가스크로마토그래피의 정량분석에 따른다.

(2) 넓이 백분율법
가스크로마토그래피의 정량분석에 따른다.

(3) 보정넓이 백분율법
가스크로마토그래피의 정량분석에 따른다.

(4) 내부표준법
가스크로마토그래피의 정량분석에 따른다.

(5) 피검성분 추가법
가스크로마토그래피의 정량분석에 따른다.

(6) 데이터 처리방치를 이용하는 방법

(1), (2), (3), (4), (5)가 데이터 처리장치에서 이루어질 경우 장치에 표시 되어진 기록 또는 지시치에 의한다. 데이터 처리장치는 피크 현상에 대하여 적절한 조건으로 선택하여야 한다.

3.6.3 정량치의 표시법

3.6.2에서 얻어진 정량치는 중량 %, 부피 %, 몰 %, ppm 등으로 표시한다.

3.6.4 검출한계

검출한계는 각 분석 방법에서 규정하는 조건에서 출력신호를 기록할 때 잡음신호(Noise)의 2배에 해당하는 목적성분의 농도를 검출한계로 한다.

3.6.5 정밀도의 판정

가스크로마토그래피의 정량분석에 따른다.

3.7 기재요령

이온크로마토그래피에 의하여 정량분석을 할 때는 다음과 같은 사항을 기재하여야 한다.

(1) 분석성분 및 그 농도 범위

(2) 시료 채취 방법, 전처리 방법 및 보정 방법

(3) 검출기의 종류 및 감도
특정 성분의 일정량을 주입했을 때의 크로마토그램의 피크의 크기(높이 또는 면적)로 규정하고 그 실험방법도 명기한다.

(4) 분석조건
- 분리관 충진제의 종류 및 입도
- 분리관의 재질, 내경 및 길이
- 용리액의 종류, 농도, 유량, 압력, 조성 및 그 변화율
- 시료량 및 시료 도입 방법
- 기록지의 이동속도

(5) 성분의 확인 방법 대표적인 크로마토그램 예를 명시할 것
또한 크로마토그램의 분석조건, 피크 성분명, 시간축을 부기할 것

(6) 정량법

- 피크의 측량 방법
- 정량방법의 종류 및 분석 횟수
- 피검 성분의 순물질 내표준물질(종류순도) 피검 성분
- 순물질의 혼합물인 경우 조성농도 범위 및 조성 방법

(7) 분석 결과의 표시

- 수치의 취급, 표시 방법, 표시 단위의 마무리 방법
- 허용치, 반복 시의 정밀도, 재현 정도 등을 명기한다.

실험 5. 빗물 중 음이온의 분석

1. 목적

이온크로마토그래프로 빗물 중의 Cl^-, NO_3^-, Br^-, SO_4^{2-}를 정량한다.

2. 준비

(1) 시료

빗물

(2) 기구

이온크로마토그래프(써프렛서, 전기전도도검출기), 전자저울, 마이크로 주사기(100 μL), 샘플병(세정 후 건조시킨 것), 공경(pore size) 0.45 μm 필터, 필터용 여과장치, 메스플라스크, 비커, 약포지, 시약스푼, 세척병, 유리막대

(3) 약품

혼합희석 표준액, 진한 용리액

3. 방법

① 실험에 앞서서 빗물을 채취한다. 본래는 여과식 우수채취기 등을 사용하는 것이 좋으나 간이 실험에서는 비커 등을 사용해도 상관없다.

② 용리액, 써프렛서 재생액을 준비한다. 그다지 보존성이 좋지 않으므로 실험 때마다 준비한다. 단, 사전에 만들어져 있는 진한 용리액을 희석하는 경우가 많다.

③ IC를 안정상태로 한다. 분석조건의 기록을 적는다.

④ 채취한 빗물을 마이크로 주사기에 옮겨 그 양(mL)을 측정한다.

⑤ 빗물을 0.45 μm 필터를 사용하여 여과한다.

⑥ 시료의 농도를 조정한다. 여과액 100 mL를 취하여 200배의 진한 용리액 50.0 μL를 가하여 측정용 용액으로 한다.

⑦ IC에 측정용 용액을 주입한다.

⑧ 사전에 준비하여 둔 혼합 희석표준액을 주입한다.

4. 결과의 정리

① 실험조건의 기술

② 검량선을 작성하여 정량한다.

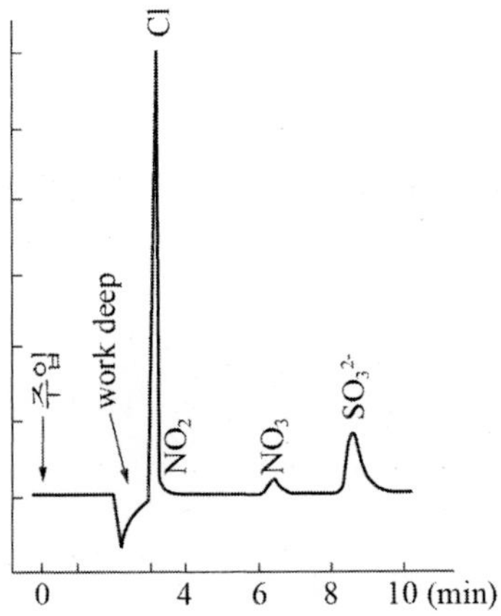

그림 4.23 빗물의 예

③ 응용실험

실험 5와 거의 같은 순서로 해수, 하천수, 수돗물, 미네랄 워터, 이온 음료를 측정한다. 단, 시료 중 염화물 이온농도는 측정 시에 100 mg/L 이하인 것이 바람직하므로 이것보다 고농도인 경우는 사전에 희석하여 둔다. 오염수 등에 유분(油分)이 있는 것은 피하는 편이 좋다.

4 대기오염공정시험기준에 따른 가스크로마토그래피(Gas Chromatography)의 소개

4.1 원리 및 적용 범위

이 법은 기체 시료 또는 기화(氣化)한 액체나 고체 시료를 운반가스(Carrier Gas)에 의하여 분리, 관내에 전개시켜 기체 상태에서 분리되는 각 성분을 크로마토그래피로 분석하는 방법으로 일반적으로 무기물 또는 유기물의 대기오염 물질에 대한 정성(定性), 정량(定量) 분석에 이용한다.

4.2 개요

(1) 이 법에서 충전물(充塡物)로서 흡착성 고체 분말을 사용할 경우는 기체 - 고체 크로마토그래프, 적당한 담체(Solid Support)에 고정상 액체를 함침(含浸)시킨 것을 사용할 경우는 기체 - 액체 크로마토그래프법이라 한다.

(2) 일정 유량으로 유지되는 운반가스(Carrier Gas)는 시료 도입부로부터 분리관 내를 흘러서 검출기를 통하여 외부로 방출된다. 이때, 시료 도입부, 분리관, 검출기 등은 필요한 온도를 유지해 주어야 한다.

(3) 시료 도입부로부터 기체, 액체 또는 고체시료를 도입하면 기체는 그대로, 액체나 고체는 가열기화(加熱氣化)되어 운반가스에 의하여 분리관 내로 송입되고 시료 중의 각 성분은 충전물에 대한 각각의 흡착성 또는 용해성의 차이에 따라 분리관 내에서의 이동속도가 달라지기 때문에 각각 분리되어 분리관 출구에 접속된 검출기를 차례로 통과하게 된다.

(4) 검출기에는 원리에 따라 여러 가지가 있으며 성분의 양과 일정한 관계가 있는 전기신호(電氣信號)로 변환시켜 기록계(또는 다른 데이터 처리장치)에 보내져서 분리된 각 성분에 대응하는 일련의 곡선 피크(Peak)가 되는 크로마토그램(Chromatogram)을 얻게 된다.

(5) 실제로 어떤 조건에서 시료를 분리관에 도입시킨 후 그 중의 어떤 성분이 검출되어 기록지 상에 피크(Peak)로 나타날 때까지의 시간을 보유시간(Retention Time)이라 하며 이 보유시간에 운반가스의 유량을 곱한 것을 보유용량(Retention Volume)이라 한다. 이 값은 어떤 특정한 실험 조건 하에서는 그 성분 물질마다 고유한 값을 나타내기 때문에 정성분석(定性分析)을 할 수 있으며 또 기록지에 그려진 곡선의 넓이 또는 피크의 높이는 시료 성분량과 일정한 관계가 있기 때문에 이것에 의하여 정량분석(定量分析)을 할 수가 있다.

4.3 장치

이 장치의 기본구성은 그림 4.24와 같으며 이 기본구성을 복수열(複數列)로 조합시킨 형식이나 복수열유로(複數列流路)로 검출기의 신호를 서로 보상(補償)하는 형식도 있다.

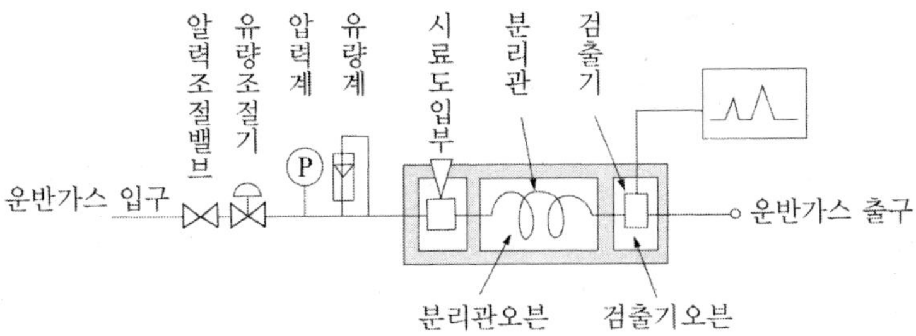

그림 4.24 장치의 기본구성

4.3.1 가스 유로계(流路系)

(1) 운반가스유로

운반가스유로는 유량 조절부와 분리관 유로로 구성된다.

가. 유량 조절부는 분리관 입구의 압력을 일정하게 유지하여 주는 압력조절밸브, 분리관 내를 흐르는 가스의 유량을 일정하게 유지하여 주는 유량조절기(流量調節器) 등으로 구성되며 필요에 따라 유량계가 첨부되어야 한다. 유량조절기를 갖는 장치는 유량조절기의 일차측 압력을 일정하게 유지해 주어야 하며 배관의 재료는 내면이 깨끗한 금속이어야 한다.

나. 분리관 유로는 시료 도입부, 분리관, 검출기기배관(檢出器機配管)으로 구성된다. 배관의 재료는 스테인레스강(Stainless Steel)이나 유리 등 부식에 대한 저항이 큰 것이어야 한다.

(2) 연소용 가스, 기타 필요한 가스의 유로

이온화 검출기가 다른 검출기를 사용할 때 필요한 연소용 가스, 청소 가스(Scavenge Gas) 기타 필요한 가스의 유로는 각각 전용조절기구(專用調節器具)가 갖추어져야 하고 필요에 따라 압력계 또는 유량계가 첨부되어야 한다. 배관의 재료는 (1)의 (가)와 같다.

4.3.2 시료 도입부

(1) 주사기를 사용하는 시료 도입부는 실리콘고무와 같은 내열성 탄성체격막(耐熱性 彈性體隔

膜)이 있는 시료 기화실로써 분리관 온도와 동일하거나 또는 그 이상의 온도를 유지할 수 있는 가열기구가 갖추어져야 하고, 필요하면 온도조절기구, 온도측정기구 등이 있어야 한다.

(2) 가스 시료 도입부는 가스계량관(통상 0.5~5 mL)과 유로 변환기구로 구성된다.

4.3.3 가열 오븐(Heating Oven)

(1) 분리관 오븐(Column Oven)

분리관 오븐은 내부용적이 분석에 필요한 길이의 분리관을 수용할 수 있는 크기이어야 하며 임의의 일정온도를 유지할 수 있는 가열기구, 온도조절기구, 온도측정기구 등으로 구성된다. 온도조절 정밀도는 ± 0.5 ℃의 범위 이내 전원 전압변동 10%에 대하여 온도변화 ± 0.5℃ 범위 이내(오븐의 온도가 150℃ 부근일 때)이어야 한다.

또한 승온(昇溫) 가스크로마토그래프에서는 승온 기구 및 냉각기구를 부가한다. 단, 정온(定溫) 가스크로마토그래프에서는 분리관 오븐에 검출기를 장치한 것도 무방하지만 이때에는 다음 (2)의 조건에 만족해야 한다.

(2) 검출기 오븐(Detector Oven)

검출기 오븐은 검출기를 한 개 또는 여러 개 수용(收容)할 수 있고 분리관 오븐과 동일하거나 그 이상의 온도를 유지할 수 있는 가열기구, 온도조절기구 및 온도측정기구를 갖추어야 한다. 방사성 동위원소를 사용하는 검출기를 수용하는 검출기 오븐에 대하여는 온도조절기구와는 별도로 독립작용할 수 있는 과열 방지 기구를 설치해야 한다. 가스를 연소시키는 검출기를 수용하는 검출기 오븐은 그 가스가 오븐 내에 오래 체류하지 않는 구조이어야 한다.

4.3.4 검출기(Detector)

가스크로마토그래피 분석에 사용하는 검출기는 각각 그 목적에 따라 다음과 같은 것을 사용한다.

(1) 열전도도 검출기(Thermal Conductivity Detector, TCD)

열전도도 검출기는 금속 필라멘트(Filament) 또는 전기저항체(Thermister)를 검출소자(檢出素子)로 하여 금속판(Block) 안에 들어 있는 본체와 여기에 안정된 직류전기를 공급하는 전원회로, 전류 조절부, 신호검출 전기회로, 신호 감쇄부 등으로 구성된다.

(2) 수소염 이온화 검출기(Flame Ionization Detector, FID)

수소염 이온화 검출기는 수소연소 노즐(Nozzle), 이온수집기(Ion Collector)와 함께 대극(對極) 및 배기구(排氣口)로 구성되는 본체와 이 전극 사이에 직류전압을 주어 흐르는 이온전류를 측정하기 위한 직류전압 변환 회로, 감도 조절부, 신호 감쇄부 등으로 구성된다.

(3) 기타 검출기

기타 목적에 따라 전자포획형 검출기(Electron Capture Detector, ECD), 염광광도 검출기(Flame Photometric Detector, FPD) 등을 사용할 수도 있으며, 그 구성은 (1) 및 (2)에 따른다. 단, 방사성 동위원소를 사용하는 검출기에 대하여는 별도로 과열 방지 기구, 누출 방지 기구 등을 설치해야 한다.

4.3.5 기록계(Recorder)

기록계는 스트립 차트(Strip Chart)식 자동평형 기록계로 스팬(Span) 전압 1 mV, 펜 응답시간(Pen Response Time) 2초 이내, 기록지 이동속도(Chart Speed)는 10 mm/분을 포함한 다단변속(多段變速)이 가능한 것이어야 한다.

4.3.6 감도조정부(感度調整部)

이 장치는 크로마토그램의 감도 보정이 가능하고 아래의 요소들을 쉽게 설정, 판독 또는 측정할 수 있는 것이어야 한다.

(1) 열전도도 검출기(TCD)에서는 필라멘트 전류, 기록계 스팬 전압, 운반가스 유량, 기록지 이동속도
(2) 수소염 이온화 검출기(FID)에서는 직렬고저항치(直列高抵抗值), 기록계 스팬 전압 또는 기록계 전체눈금에 대한 이온 전류치, 기록지 이동속도
(3) 기타 검출기에서는 기록계 스팬 전압, 기록지 이동속도 및 검출기 원리에 따른 특정의 값

4.4 운반가스(Carrier Gas) 종류

4.4.1 운반가스

운반가스는 충전물이나 시료에 대하여 불활성(不活性)이고 사용하는 검출기의 작동에 적합

한 것을 사용한다. 일반적으로 열전도도형 검출기(TCD)에서도 순도 99.8% 이상의 수소나 헬륨을, 수소염 이온화 검출기(FID)에서는 순도 99.8% 이상의 질소 또는 헬륨을 사용하며 기타 검출기에서는 각각 규정하는 가스를 사용한다.

4.4.2 연소가스 공기 및 청소가스

공기, 수소 기타 사용 가스는 각 분석 방법에서 규정하는 종류의 순도 가스를 사용한다.

4.5 분리관(Column), 충전물질(Packing Material) 및 충전 방법(Packing Method)

4.5.1 분리관(Column)

분리관은 충전물질을 채운 내경 2～7 mm(모세관식 분리관을 사용할 수도 있다)의 시료에 대하여 불활성 금속, 유리 또는 합성수지관으로 각 분석 방법에서 규정하는 것을 사용한다.

4.5.2 충전물질(Packing Material)

(1) 흡착형 충전물

기체 - 고체 크로마토그래프법에서는 분리관의 내경에 따라 다음과 같이 입도(粒度)가 고른 흡착성 고체분말(吸着性固體粉末)을 사용한다.

표 4.6 분리관의 내경에 따른 흡착제 및 담체의 입경 범위

분리관 내경(mm)	흡착제 및 담체의 입경 범위(μm)
3	149～177(100～80 mesh)
4	177～250(80～60 mesh)
5～6	250～590(60～28 mesh)

여기서 사용하는 흡착성 고체분말은 실리카겔, 활성탄, 알루미나, 합성제올라이트(Zeolite) 등이며, 또한 이러한 분말에 표면처리(表面處理)한 것을 각 분석 방법에 규정하는 방법대로 처리하여 활성화한 것을 사용한다.

(2) 분배형 충전물질(分配形充塡物質)

기체 - 액체 크로마토그래프법에서는 위에 표시한 입경 범위에서의 적당한 담체(擔體)에 고

정상 액체(固定相 液體)를 함침(含浸)시킨 것을 충전물로 사용한다.

가. 담체(Support) : 담체는 시료 및 고정상 액체에 대하여 불활성인 것으로 규조토, 내화벽돌[1], 유리, 석영, 합성수지 등을 사용하며 각 분석 방법에서 전처리를 규정한 경우는 그 방법에 따라 산처리(酸處理), 알칼리처리, 실란처리(Silane finishing) 등을 한 것을 사용한다.

나. 고정상 액체(Stationary Liquid) : 고정상 액체는 가능한 한 다음의 조건을 만족시키는 것을 선택한다.

① 분석대상 성분을 완전히 분리할 수 있는 것이어야 한다.

② 사용온도에서 증기압이 낮고, 점성이 작은 것이어야 한다.

③ 화학적으로 안정된 것이어야 한다.

④ 화학적 성분이 일정한 것이어야 한다.

또한 이들 조건을 만족시키는 것으로서 표 4.7에 나타난 모양의 것이 일반적으로 널리 사용되고 있다. 이들 이외의 것으로서도 분석목적을 만족시키는 것이 있다면 사용하여도 상관없다.

표 4.7 일반적으로 사용하는 고정상액체의 종류

종류	물질명
탄화수소계	• 헥사데칸 • 스쿠아란(Squalane) • 고진공 그리이스
실리콘계	• 메틸실리콘 • 페닐실리콘 • 시아노실리콘 • 불화규소
폴리글리콜계	• 폴리에틸렌글리콜 • 메톡시폴리에틸렌글리콜
에스테르계	• 이염기산디에스테르
폴리에스테르계	• 이염기산폴리글리콜디에스테르
폴리아미드계	• 폴리아미드수지
에테르계	• 폴리페닐에테르
기타	• 인산트리크레실 • 디에틸포름아미드 • 디메틸술포란

1) 여기서 내화벽돌이라 함은 일반적인 내화점토(耐火粘土)를 사용한 것이 아니고 규조토를 주성분으로 한 내화온도 1,100℃ 정도의 단열(斷熱) 벽돌을 뜻한다.

다. 조제 방법 : 각 분석방법에서 규정한 담체에 지정된 농도(무게%)의 고정상액체를 다음의 방법에 의하여 되도록 균일하게 함침 시킨다.2)

※ 100 mL의 충전물을 제조하는 경우

① 약 100 mL의 담체를 용량 300～500 mL의 비커 또는 플라스크에 취하여, 담체의 무게를 1 g까지 구해둔다.

② 따로 지정된 무게%가 되도록 고정상 액체를 비커에 0.1 g까지 달아 넣고 담체와 거의 같은 부피의 지정된 유기용매를 가하여 용해시킨다.

③ ①에서 취한 담체에 ②에서 조제한 고정상 액체 용액을 한꺼번에 가하여 함침 시켜, 용매의 냄새가 나지 않을 때까지 저어가며 공기를 통하여 건조시킨다. 필요한 경우는 체로 쳐서 지정 입도로 맞춘다.

(3) 다공성 고분자형 충전물(多孔性高分子形充塡物)

이 물질은 디비닐 벤젠(Divinyl Benzene)을 가교제(Bridge Intermediate)로 스티렌계 단량체(Styrene系 單量體)를 중합시킨 것과 같이 고분자 물질을 단독 또는 고정상 액체로 표면처리하여 사용한다.

4.5.3 충전방법

내부를 잘 씻어 말린 분리관에 미리 한쪽 끝을 유리솜(Glass Wool)으로 막고 진동을 주어 감압흡인(減壓吸引) 하면서 충전물을 고르고 빽빽하게 채운 다음 남은 한쪽 끝을 유리솜으로 가볍게 막는다. 이 분리관은 그 충전물질의 최고 사용온도 부근에서 적어도 수 시간 동안 헬륨 또는 질소를 통하여 건조한다. 이때 건조에 의하여 감소 되는 만큼의 충전물을 보충하여 채우고 더이상 감소하지 않을 때까지 이 조작을 되풀이한다.

4.6 조작법(Procedure)

4.6.1 설치조건

(1) 가스크로마토그래프의 설치장소

설치장소는 진동이 없고 분석에 사용하는 유해 물질을 안전하게 처리할 수 있으며 부식 가스

---

2) 저농도 고정상 액체 충전물의 제조는 여과법을 사용하여도 좋다.

나 먼지가 적고 실온 5~35℃, 상대습도 85% 이하로서 직사광선이 쪼이지 않는 곳으로 한다.

(2) 전기관계

전기관계는 다음과 같은 조건을 갖추어야 한다.

가. 전원 : 공급전원은 지정된 전력용량 및 주파수이어야 하고, 전원변동은 지정전압의 10% 이내로서 주파수의 변동이 없는 것이어야 한다.

나. 전자기유도(電子氣誘導) : 대형변압기, 고주파가열로(高周波加熱爐)와 같은 것으로부터 전자기의 유도를 받지 않는 것이어야 한다.

다. 접지점(接地點) : 접지저항 10 Ω 이하의 접지점이 있는 것이어야 한다.

4.6.2 분석 전의 준비

(1) 장치의 고정설치

가. 가스류의 배관 : 장치를 설치하고 가스류의 배관을 한 다음 가스의 누출이 없는가를 확인한다. 이때 가스통은 화기가 없는 실외의 그늘진 곳에 넘어지지 않도록 고정하여 설치한다.

나. 전기배선 : 장치에 전원을 배선하고 접지점에 접지선을 연결한다. 또 필요한 부분의 배선을 확인한다.

(2) 분리관의 부착 및 가스누출 시험

각 분석 방법에 규정된 방법에 따라 제조된 분리관을 장치에 부착한 후 운반가스의 압력을 사용압력 이상으로 올리고, 분리관 등의 접속부에 비눗물 등을 칠하여 가스누출시험을 하며 누출이 없음을 확인한다.

(3) 시료의 준비

분석하는 시료를 각 분석 방법에 규정된 방법에 의하여 준비한다.

4.6.3 조작

(1) 분석조건의 설정

각 분석 방법에 규정된 방법에 의하여 다음 항목을 소정의 값으로 조절한다.

가. 운반가스 및 기타가스류의 유량
나. 분리관 온도(승온법을 사용하는 경우는 초기온도, 승온온도, 최종온도 등의 각종 프로그램)
다. 시료 기화실 온도 및 검출기 온도
라. 감도
마. 기록지 이동속도

(2) 바탕선(基線)의 안정도 확인

검출기 및 기록계를 소정의 작동(作動)상태로 하여, 바탕선의 안전상태를 확인한다.

(3) 시료의 도입

가. 액체 시료 : 액체 시료는 시료 주입량에 따라 적당한 부피의 미량주사기(Micro Syringe, 1～100 μL)를 사용하여, 시료 도입구로부터 빠르게 주입한다.
나. 기체 시료 : 보통 기체 시료 도입 장치를 사용하나 주사기(통상 0.5～5 mL)를 사용하여 주입할 수도 있다.
다. 고체 시료 : 고체 시료는 용매에 용해시켜 (가)의 방법으로 도입한다.

(4) 크로마토그램의 기록

시료 도입 직후 크로마토그램에 시료 도입점을 기입한다(그림 4.25참조). 시료의 피크가 기록계의 기록지 상에 진동이 없이, 또한 가능한 한 큰 피크를 그리도록 성분에 따른 감도를 조절한다.

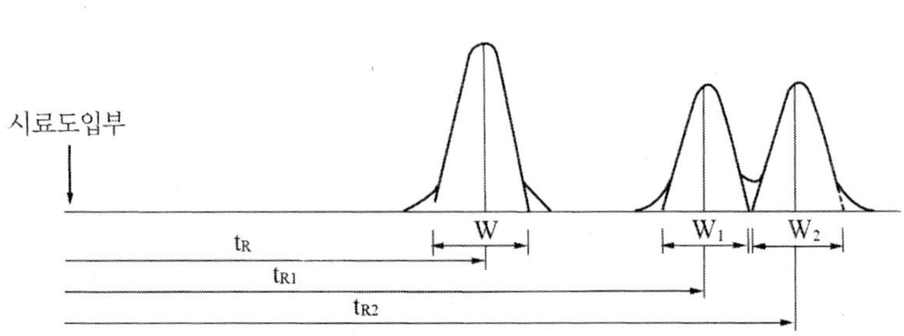

그림 4.25 크로마토그램

(5) 데이터의 정리

데이터는 다음 사항을 정리 기재한다.

가. 날짜

나. 장치명

다. 시료명 및 시료 도입량(μL 또는 mL)

라. 운반가스의 종류 및 유량(mL/분)과 분리관 입구압(kg/cm2) 필요하다면 출구에서 운반가스 압력(mmHg)

마. 충전물의 종류[담체명, 처리법, 입도(μm 또는 메시(mesh)) 고정상 액체명 및 함침량(무게%)]

바. 분리관의 재질, 반지름(mm) 및 길이(m)

사 분리관 온도(℃)[승온법을 사용하는 경우는 초기온도(℃), 승온속도(℃/분), 최종온도(℃), 기타 필요사항]

아. 시료기화실, 검출기, 기타 필요한 부분의 온도(℃)

자. 검출기의 종류 및 조작조건

차. 기록계의 감도(mV) 및 기록지 이동속도(mm/분)

카. 조작자 명

타. 기타 필요한 사항

4.7 분리의 평가

분리의 평가는 분리관 효율과 분리능에 의한다.

4.7.1 분리관 효율

분리관 효율은 보통 이론단수(理論段數) 또는 1이론단에 해당하는 분리관의 길이 HETP (Height Equivalent to a Theoretical Plate)로 표시하며, 크로마토그램(그림 4.25) 상의 피크로부터 다음 식에 의하여 구한다.

$$\text{이론단수}(n) = 16 \cdot \left(\frac{t_R}{W}\right)^2$$

여기서, t_R : 시료 도입점으로부터 피크 최고점까지의 길이(보유시간)

W : 피크의 좌우 변곡점에서 접선이 자르는 바탕선의 길이

$$HETP = \frac{L}{n}$$

여기서, L : 분리관의 길이(mm)

4.7.2 분리능

2개의 접근한 피크의 분리의 정도를 나타내기 위하여 분리계수 또는 분리도를 가지고 다음과 같이 정량적으로 정의하여 사용한다.

$$\text{분리계수}(d) = \frac{t_{R2}}{t_{R1}},\ \text{분리도}(R) = \frac{2(t_{R2} - t_{R1})}{W_1 + W_2}$$

여기서, t_{R1} : 시료 도입점으로부터 피크 1의 최고점까지의 길이

t_{R2} : 시료 도입점으로부터 피크 2의 최고점까지의 길이

W_1 : 피크 1의 좌우 변곡점에서의 접선이 자르는 바탕선의 길이

W_2 : 피크 2의 좌우 변곡점에서의 접선이 자르는 바탕선의 길이

4.8 정성분석

정성분석은 동일 조건 하에서 특정한 미지성분의 머무른 값(保有値)과 예측되는 물질의 피크의 머무른 값을 비교하여야 한다. 그러나 어떤 조건에서 얻어지는 하나의 피크가 한 가지 물질에 반드시 대응한다고 단정할 수는 없으므로 고정상 또는 분리관 온도를 변경하여 측정하거나 또는 다른 방법으로 정성이 가능한 경우는 이 방법을 병용하는 것이 좋다.

4.8.1 보유치(保有値)

보유치의 종류로는 보유시간(Retention Time), 보유용량(Retention Volume), 비보유용량(比保有容量), 보유비(保有比), 보유지표(保有指標) 등이 있다. 보유시간을 측정할 때는 3회 측정하여 그 평균치를 구한다. 일반적으로 5～30 분 정도에서 측정하는 피크의 보유시간은 반복

시험을 할 때 ± 3% 오차범위 이내이어야 한다. 보유치의 표시는 무효부피(Dead Volume)의 보정 유무를 기록하여야 한다.

4.8.2 다른 방법을 병용(並用)한 정성

다른 방법을 병용할 때에는 반응관, 사용 검출기, 분취 방법, 기타 사용 방법 등에 대한 설명 및 의견을 덧붙일 수가 있다.

4.9 정량분석

정량분석은 각 분석 방법에 규정하는 방법에 따라 시험하여 얻어진 크로마토그램(Chromatogram)의 재현성, 시료분석의 양, 피크의 면적 또는 높이와의 관계를 검토하여 분석한다. 이때 정확한 정량결과를 얻기 위해서는 크로마토그램의 각 곡선 피크는 대칭적이고 각각 완전히 분리되어야 한다.

4.9.1 곡선의 면적 또는 피크의 높이 측정

곡선의 면적 또는 피크의 높이 중 어느 것을 사용할 것인가는 각 시험방법의 규정 또는 사용기기의 특성에 따라 결정한다.

(1) 피크의 높이 측정

곡선의 정점(Peak)으로부터 기록지 횡측으로 수직선을 내려 바탕선(Base Line)과 교차하는 점과 정점과의 거리를 피크의 높이로 한다.

(2) 곡선의 넓이 측정

곡선의 넓이는 다음 방법에 의하여 측정한다.

가. 반 높이선 나비법

① 대칭적 피크 : 그림 4.26과 같이 피크 높이(h)의 중앙으로부터 바탕선에 평행선을 그려 피크에 의하여 절단되는 선분을 반높이선 나비(W)로 하며, 이것에 피크 높이(h)를 곱한 것을 피크 면적(A)으로 한다.

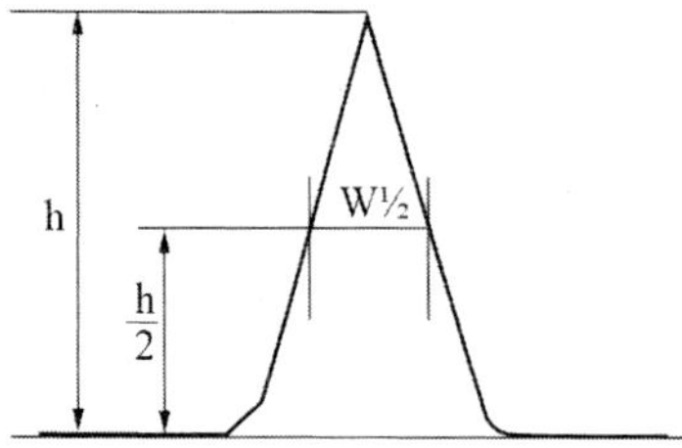

그림 4.26 반높이선 나비법에 의한 피크 넓이 측정법(대칭적 피크의 경우)

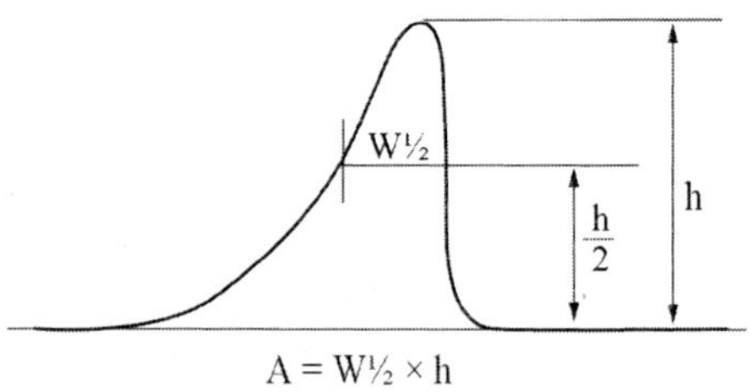

그림 4.27 반높이선 나비법에 의한 피크 넓이 측정법(앞으로 기울어진 피크의 경우)

② 앞으로 기울어진 피크 : 앞으로 기울어진 피크의 경우에도 ①의 대칭적 피크의 측정 방법이 적용될 수 있다.

③ 꼬리를 끄는 피크(Tailing Peak) : 현저하게 꼬리를 끄는 피크에 대해서는 이 반높이선 나비법의 적용은 좋지 않다.

④ 중복 피크 : 2개 이상의 피크가 접근하여 중복된 경우, 그 정도가 가벼운 경우는 앞에 말한 ①의 측정 방법을 적용할 수도 있으나 피크의 중복이 현저한 경우는 적합치 않다.

나. 적분기를 사용하는 방법 : 적분기에 표시된 기록 또는 지시값에 의한다. 단, 피크의 중복이 현저한 경우에 적용하는 것은 좋지 않다.

4.9.2 정량법

측정된 넓이 또는 높이와 성분량과의 관계를 구하는 데는 다음 방법에 의한다.

(1) 절대검량선법

정량하려는 성분으로 된 순물질을 단계적[3]으로 취하여 크로마토그램을 기록하고 피크넓이 또는 피크 높이를 구한다. 이것으로부터 성분량을 횡축에, 피크넓이 또는 피크 높이를 종축에 취하여 그림 4.28과 같이 검량선을 작성한다. 동일 조건 하에 시료를 도입하여 크로마토그램을

3) 일반적으로 여러 점을 취하여 그림 4.28과 같은 검량선을 작성하여 정량을 하지만 기지량에 대한 1점만을 취하고 이 점과 원점과를 이은 직선을 그려 검량선으로 하여 정량을 하는 수도 있다. 단, 이 1점 절대검량선법에서는 직선상의 확인이 필요하다. 이 경우는 검량선을 그리지 않고 직접 비례계산으로 정량하여도 좋다.

기록하고 피크넓이(또는 피크 높이)로부터 검량선에 따라 분석하려는 각 성분의 절대량을 구하여 그 조성을 결정한다. 이 방법은 전체 측정 조작을 엄밀하게 일정 조건하에서 할 필요가 있다.

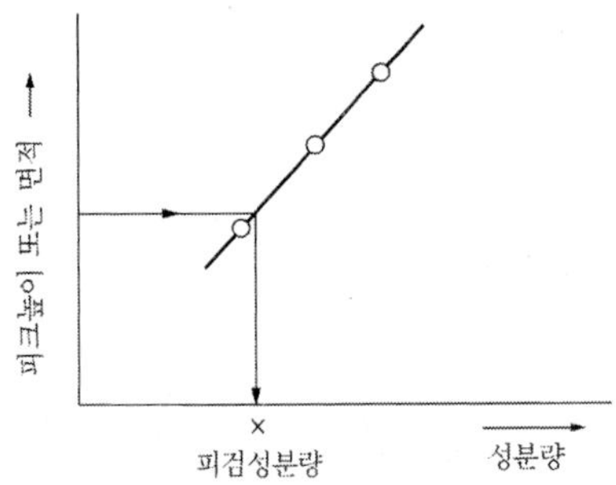

그림 4.28 절대검량선법에 의한 검량선

(2) **넓이 백분율법**

크로마토그램으로부터 얻은 시료 각 성분의 피크 면적을 측정하고 그것들의 합을 100으로 하여 이에 대한 각각의 피크넓이 비를 각 성분의 함유율로 한다. 이 방법은 도입 시료의 전 성분이 용출되며, 또한 사용한 검출기에 대한 각 성분의 상대감도가 같다고 간주되는 경우에 적용하며, 각 성분의 대개의 함유율(X_i)을 알 수가 있다.

$$X_i(\%) = \frac{A_i}{\sum_{i=1}^{n} A_i} \times 100$$

여기서, A_i : i 성분의 피크넓이

n : 전 피크 수

(3) **보정넓이 백분율법**

도입한 시료의 전 성분이 용출되며 또한 용출 전 성분의 상대감도가 구해진 경우[4]는 다음 식에 의하여 정확한 함유율을 구할 수 있다.

4) 상대감도를 구하는 법 : 성분량(무게, 부피, 몰)을 알고 있는 혼합시료의 크로마토그램으로 부터 각 성분의 피크넓이를 측정하여, 단위성분량당의 면적을 산출한다. 적당한 성분에 대한 비를 구하면 상대감도가 된다. 상대감도의 역수는 보정계수라 부르며 이것을 사용하는 경우는 피크넓이에 이것을 곱하면 된다.

$$X_i(\%) = \frac{\frac{A_i}{f_i}}{\sum_{i=1}^{n} \frac{A_i}{f_i}} \times 100$$

여기서, f_i : i성분의 상대감도

n : 전 피크 수

(4) 내부표준법

정량하려는 성분의 순물질(X) 일정량에 내부표준물질[5](S)의 일정량을 가한 혼합시료의 크로마토그램을 기록하여 피크넓이를 측정한다. 횡축에 정량하려는 성분량(M_X)과 내부표준물질량(M_S)의 비(M_X/M_S)를 취하고 분석시료의 크로마토그램에서 측정한 정량할 성분의 피크넓이(A_X)와 표준물질 피크넓이(A_S)의 비(A_X/A_S)를 취하여 그림 4.29와 같은 검량선을 작성한다.

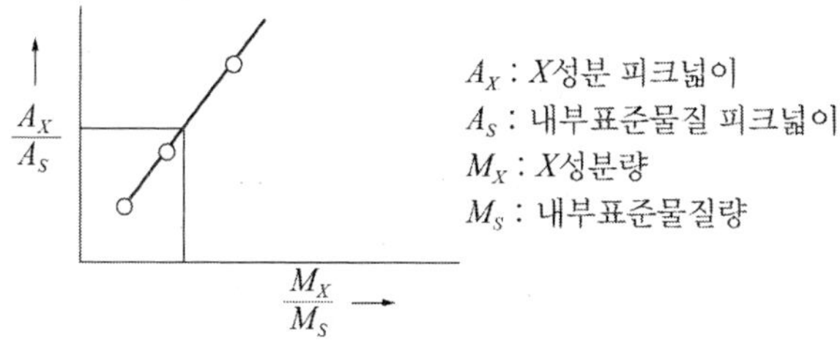

그림 4.29 내부표준법에 의한 검량선

시료의 기지량(M)에 대하여 표준물질의 기지량(n)을 검량선의 범위 안에 들도록 적당히 가해서 균일하게 혼합한 다음 표준물질의 피크가 검량선 작성 시와 거의 같은 크기가 되도록 도입량을 가감해서 동일 조건 하에서 크로마토그램을 기록한다. 크로마토그램으로부터 피검성분 피크넓이($A'X$)와 표준물질 피크넓이($A'S$)의 비($A'X/A'S$)를 구하고, 검량선으로부터 피검 성분량($M'X$)과 표준물질량($M'S$)의 비($M'X/M'S$)가 얻어지면, 다음 식에 따라 함유

5) 내부표준물질에는 그 피크가 정량하려는 성분 피크의 위치에 가능한 한 가깝고, 시료 중의 다른 성분 피크와도 완전하게 분리되는 안전한 물질을 선택한다.

율(X)을 산출한다.

$$X(\%) = \frac{\left(\frac{M'_X}{M'_S}\right) \times n}{M} \times 100$$

또한 피크넓이 대신에 피크 높이를 사용하여도 좋다. 이 방법을 시료 중의 각 성분에 적용하면 시료의 조성을 구할 수가 있다.

(5) 피검성분추가법(被檢性分追加法)

시료의 크로마토그램으로부터 피검성분 A 및 다른 임의의 성분 B의 피크넓이 a_1 및 b_1을 구한다. 다음에 시료의 일정량 W에 성분 A의 기지량 ΔW_A[6])을 가하여 다시 크로마토그램을 기록하여 성분 A 및 B의 피크넓이 a_2 및 b_2를 구하면 K의 상수로 해서 다음 식이 성립한다.

$$\frac{W_A}{W_B} = K\frac{a_1}{b_1}$$

$$\frac{W_A + \Delta W_A}{W_B} = K\frac{a_2}{b_2}$$

여기에서 W_A 및 W_B는 시료 중에 존재하는 A 및 B성분의 양, K는 비례상수이다.
위 식으로부터 성분 A의 부피 또는 무게 함유율 $X(\%)$를 다음 식으로 구한다.

$$X(\%) = \frac{\Delta W_A}{\left(\frac{a_2}{b_2} \cdot \frac{b_1}{a_1} - 1\right) W} \times 100$$

4.9.3 정량치(定量値)의 표시 방법

4.9.2에서 얻어진 정량치는 중량%, 부피%, 몰%, ppm 등으로 표시한다.

---

6) ΔWA의 양은 a_2/b_2의 값이 1.2~2.0의 사이에 있도록 가하여야 한다.

4.9.4 검출한계(檢出限界)

검출한계는 각 분석 방법에서 규정하는 조건에서 출력신호를 기록할 때, 잡음신호(Noise)의 2배의 신호를 검출한계로 한다.

4.9.5 정밀도의 판정(精密度判定)

각 성분의 분석 결과에 대한 정밀도는 각 분석 방법에 규정하는 기준으로부터 판정한다.

(1) 반복정밀도

동일인이 동일장치로 각 분석 방법에 규정하는 횟수의 측정을 반복해서 시행할 때 그 결과의 차이가 허용치를 초과해서는 안 된다.

(2) 재현성(再現性)

동일 시료를 임의의 다른 분석실에서 각 분석 방법에 규정하는 횟수의 측정을 할 때 평균치 차이가 허용치를 초과해서는 안 된다.

4.10 기재요령

가스크로마토그래피에 의하여 정량분석을 할 때는 다음과 같은 사항을 기재하여야 한다.

4.10.1 적용 범위

대상 시료 분석성분 및 그 농도 범위

4.10.2 시료

시료채취 장치, 채취 방법, 전처리 및 보존 방법

4.10.3 장치

(1) 본체 : 사용한 분리관의 재질, 길이, 내경, 온도 범위, 유로구성(流路構成)

(2) 검출기 : 검출기의 종류 소요감도, 소요감도는 특정선분의 일정량을 도입했을 때의 크로마토그램의 피크(높이 또는 면적)로 규정하며 그 시험방법도 명기한다.

(3) 기록계 : 4.6.3 조작에 규정한 이외의 것을 사용할 때는 그 특성을 명기한다.

(4) 시료 도입 장치 : 검량 도입을 필요로 하는 정량방법을 사용할 때는 시료 도입 장치의 종류와 특성을 명기한다. 시료 도입 장치의 특성은 동일 시료를 반복하여 도입했을 때의 크로마토그램 피크의 크기(높이 또는 면적)의 반복 정밀도로 규정한다.

(5) 분리관 충전물질 : 충전물질의 종류 입도(粒度), 담체의 전처리방법, 고정상액체의 농도(Wt%), 충전일자 및 4.5 분리관, 충전물질 및 충전방법에 규정한 방법 이외의 제조 방법을 사용할 때는 그 방법을 명기한다. 여기서 충전물질의 입도는 그 크기가 한정되어 있지 않을 때에는 요구되는 분리능(分離能), 보유치(保有値)의 최대 최소치 등을 규정하고 이에 합치되는 대표예(代表例)를 명기한다. 이때에는 제특성의 시험방법도 명기하는 것이 좋다.

4.10.4 분석조건

(1) 온도 : 분리관 오븐, 검출기 오븐, 시료 도입부

(2) 운반가스 : 종류 단위시간당 유량

(3) 시료 도입 : 도입량 분석(도입) 횟수

(4) 기록지 이동속도

4.10.5 성분의 확인 방법

대표적인 크로마토그램의 보기를 나타낼 것

4.10.6 정량법

(1) 피크의 측정 방법 : 적분계를 사용하는 경우는 그 적분계에 요구되는 정밀도 등을 명기한다.

(2) 정량방법의 종류 : 검량선이나 보정계수를 이용할 때는 그 검량선이나 보정계수를 보기로 나타낸다.

(3) 표준물질 : 종류, 순도와 혼합물일 경우는 농도 범위 및 그 제조 방법을 명기한다.

4.10.7 분석 결과의 표시

(1) 수치의 취급, 표시 방법 표시 단위의 마무리 방법

(2) 허용차 반복 시의 정밀도 재현 정도 등을 명기한다.

실험 6. 보유시간, 보유용량에 의한 정성분석

1. 목적

혼합물의 보유시간을 순수물질(벤젠, 톨루엔, 에틸벤젠)의 보유시간과 비교함으로써 혼합물의 성분을 동정한다. 혼합물과 순수물질의 보유용량을 비교함으로써 혼합물의 성분을 동정한다.

2. 준비

(1) 기구

가스크로마토그래프, 마이크로주사기(10 μL), 샘플병(3개), 메스피펫, 비커

(2) 약품

벤젠, 톨루엔, 에틸벤젠

3. 방법

(1) 장치의 설정

GC를 안정상태로 한다. 분석조건을 기록한다. 기록은 종료 전으로 되돌아간다.

(2) 시료의 조제

① 시약병에서 메스피펫으로 벤젠 1 mL을 샘플병에 취한다. 톨루엔, 에틸벤젠도 마찬가지로 한다. 3종류의 샘플병에는 라벨을 붙여 구별이 되도록 한다.

② 시약병에서 벤젠, 톨루엔, 에틸벤젠 2 mL씩을 비커에 취한다. 잘 혼합하여 이것을 미지의 혼합물로 한다.

(3) 측정

① 마이크로 주사기로 벤젠 2 μL를 취하고 가스크로마토그래프에 주입한다. 온도, 운반가스

의 유량 등 분석조건은 변경시키지 않고 동일 조건 하에서 톨루엔, 에틸벤젠도 주입한다.

② 역시 동일한 조건으로 혼합물을 6 μL 주입한다.

③ 운반가스의 유량을 변화시킨다. 유량을 기록한다. 안정되면 혼합물을 6 μL 주입한다.

4. 결과의 정리

(1) 예비지식

주입에서 피크까지의 시간을 보유시간(t_R, retention time) 이라 한다. 2성분째 t_R도 주입표시로서 계측한다.

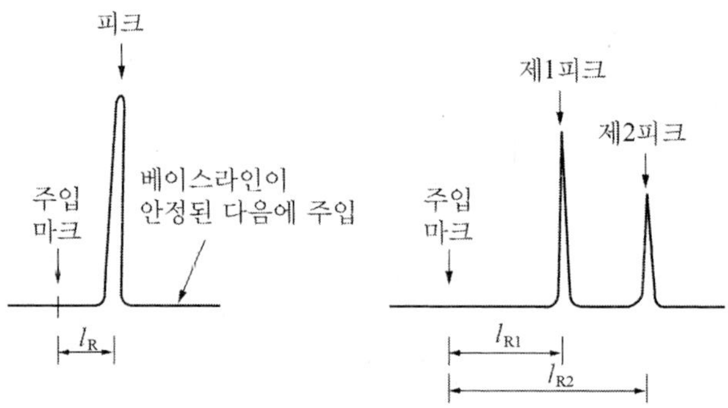

그림 4.30 성분의 기록지 **그림 4.31** 성분의 기록지

분리조건이 같다면 물질마다 t_R이 결정된다. t_R마다 물질이 결정되는 것은 아니다. t_R은 유량에 따라서도 변화한다. 주입에서 피크가 나오기까지 흐른 운반가스량을 보유용량(V_R, retention volume)이라 한다. 즉 운반가스의 유량(mL/min) × 피크까지의 시간(min) = V_R(mL)이다. 분리조건이 같다면 물질마다 V_R이 결정된다. V_R은 유속을 바꾸어도 변화하지 않으므로 편리하지만 실제로는 대부분 t_R을 사용한다.

(2) 결과의 정리법

① 실험조건의 기술

② 순수물질(벤젠, 톨루엔, 에틸벤젠)의 t_R을 계측한다.

- 처리용 컴퓨터에 계산시킨다.
- 기록지에서 길이를 잰다. 기록지의 속도가 2 cm/min, 기록지 위에서의 길이가 1.8 cm인

경우 t_R은 1.8÷2 = 0.9 cm로 된다.

③ 순수물질(3종), 혼합물질(3 피크) 2회분의 t_R을 잰다.

④ 각 피크의 V_R을 계산한다.

5. 고찰 방법

① 혼합물의 각 피크의 물질은 무엇이라 추정하는가? 그 이유는 어떤 것인가?

② 어떤 다른 혼합물의 제 4피크와 톨루엔 피크의 t_R이 같았다. 이 피크의 물질은 톨루엔이라 고 할 수 있는가? 그 이유는?

③ 유속에 변화가 있는 경우, t_R에 의한 물질의 추정은 가능한가?

④ 유속에 변화가 있는 경우 V_R에 의한 물질의 추정이 가능한가?

⑤ 벤젠, 톨루엔, 에틸벤젠에서 피크의 형태가 다른 것은 어떤 이유인가?

예상성분을 첨가하여 동정(同定)하는 방법

어떤 성분을 첨가하면 그 성분의 피크만이 증가한다.

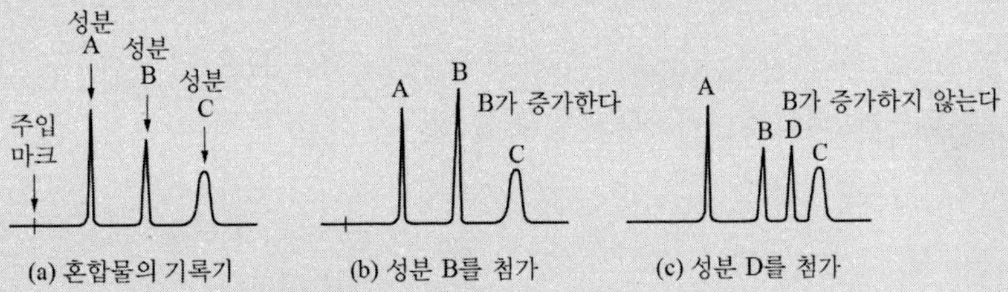

그림 4.32 첨가법의 기록지

피크의 이상현상은?

(i) 좌우비대칭

(ii) 분해되어 피크가 나누어진다.

(iii) 주입하지 않은 피크가 나타난다. 좋은 피크는 좌우대칭형으로 예리하게 그려진 것이다.

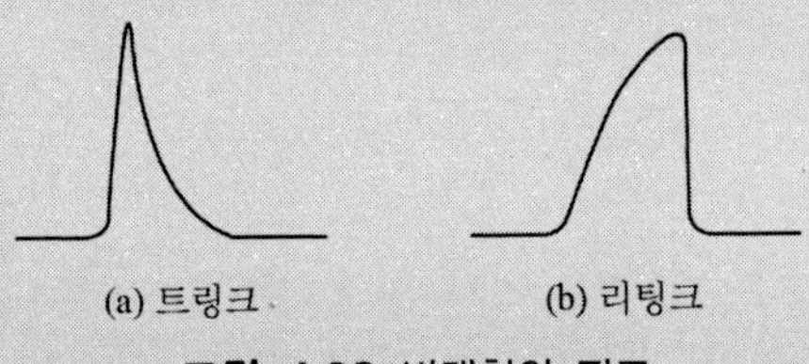

그림 4.33 비대칭의 피크

실험 7. 보유지표에 의한 정성분석

1. 목적

보유지표의 산출 방법을 알고 그 이용법을 숙지하는 데 있다.

2. 준비

n-파라핀의 혼합물을 준비한다(시판도 되고 있다). 시료에 혼합물을 첨가하여 주입

3. 결과의 정리

(1) 예비지식

항온분석에서의 보유지표(Kovats의 정의에 의함). 각각 n-파라핀에는 그 탄소수를 100배한 수치를 할당한다(예 : n-펜탄 → 500, n-헥산 → 600). 다른 물질로는 그것들 사이에 있는 n-파라핀의 t_R'를 사용, 보유지표(RI, retention index)를 계산한다.

컬럼의 길이, 운반가스의 종류와 유량, 승온 프로그램 등을 준비하여야 사용할 수 있다. RI 값이 보증된 컬럼도 판매되고 있으므로 이것을 이용하면 편리하다. 데이터 베이스도 있고, 표준 물질 없이도 동정을 행할 수 있다.

(2) 결과의 정리법

① 실험조건의 기술

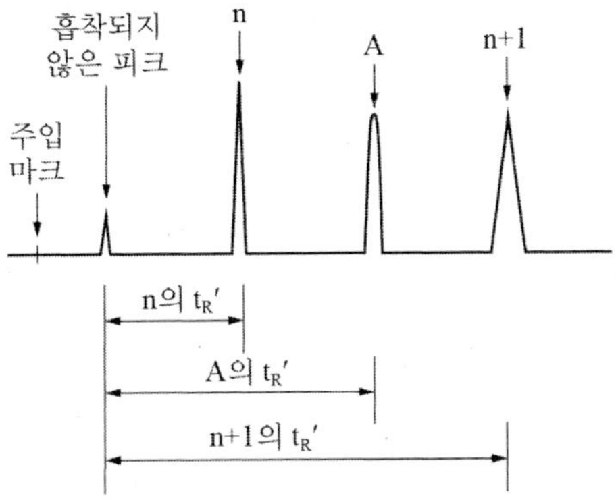

그림 4.34 보유지표(RI)

② t_R, V_R을 보정하여 t_R', V_R'를 계산한다.

③ 시료 피크의 전후 사이에 낀 n-파라핀의 t_R'을 사용하여 RI를 계산한다.

4. 고찰 방법

① 데이터 베이스 또는 실험실에 축적된 데이터와 비교하여 동정한다.

② 동정한 물질이 그 물질이라는 것을 확인하기 위해서는 어떻게 하면 좋은가?

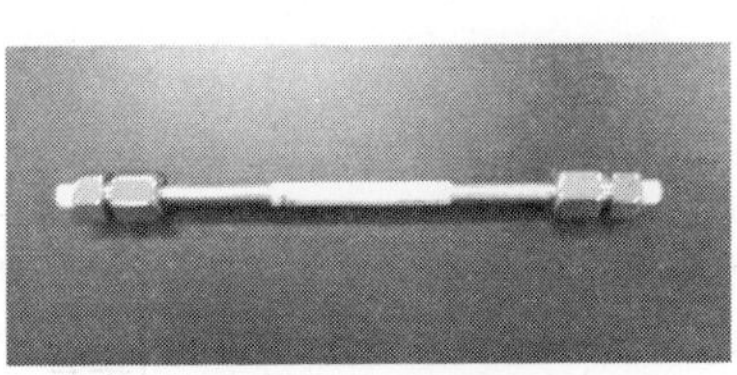

그림 4.35 충전컬럼

실험 8. 검량선법에 의한 정량분석

1. 목적

벤젠에 톨루엔이 혼합되어 있다. 이 톨루엔을 검량선법으로 정량한다.

2. 준비

(1) 기구

가스크로마토그래프, 마이크로주사기(10 μL), 샘플병, 메스피펫, 비커

(2) 약품

벤젠, 톨루엔

3. 방법

(1) 장치의 설정

GC를 안정상태로 한다. 분석조건을 기록한다. 기록은 처음부터 한다.

(2) 시료의 조제·측정

① 시약병에서 벤젠 2 mL, 톨루엔 1 mL을 샘플병에 취하고 잘 혼합한다. 이것을 정량하고 싶은 시료로 한다.

② 시약병에서 메스피펫으로 톨루엔 1 mL을 샘플병에 취한다. 이것을 순수물질로 한다.

③ 마이크로 주사기로 시료를 4 μL 취하고 가스크로마토그래프에 주입한다.

④ 톨루엔을 1 μL, 2 μL, 3 μL, 4 μL, 5 μL씩 주입시킨다.

4. 결과의 정리

(1) 예비지식

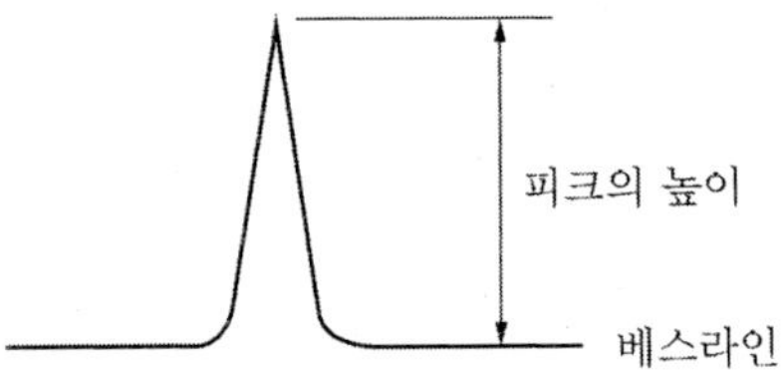

그림 4.36 피크의 높이

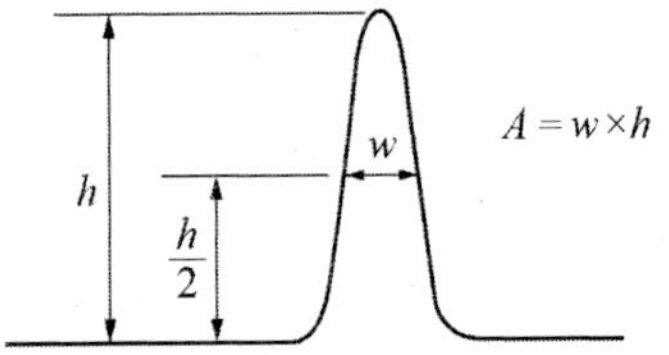

그림 4.37 등분선폭법

① 피크 높이의 측정방법
처리용의 컴퓨터가 피크점의 신호값으로부터 같은 시각의 베이스라인의 신호값을 빼준다.

② 피크면적의 측정방법
처리용의 컴퓨터가 피크의 시작에서 끝까지 피크의 신호값과 베이스라인의 신호값의 차를 적산하여 준다. 중복 피크 등에 대해서는 어떤 형태로 계산하는가(또는 무시하는가), 지시하는 일이 있다. 수동계산이라면 2등분선법이 보통이다.

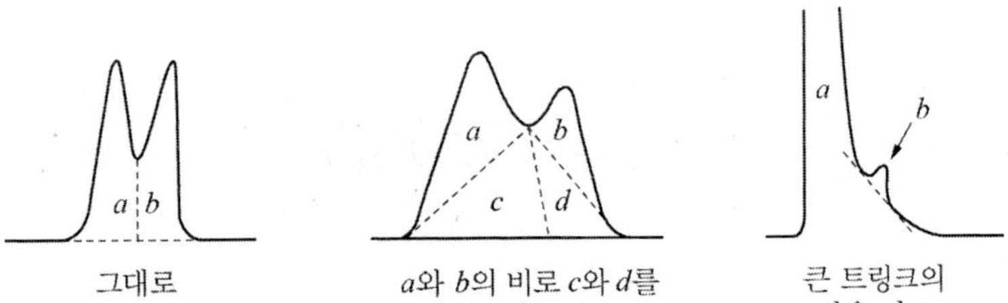

(a) 수직선법 (b) 태형법 (c) 접선법

그림 4.38 중복 피크의 분할

(2) 결과의 정리법

① 실험조건의 기술
② 피크면적을 계산한다.
③ 횡축에 주입량, 종축에 피크면적을 취하여 검량선을 작성한다.

④ 시료의 피크면적으로부터 검량선에 의하여 톨루엔의 양을 구한다.

⑤ 시료중의 함유율을 계산한다.

$$함유율 = 톨루엔의\ 량(\mu L) \div 주입량(\mu L)$$

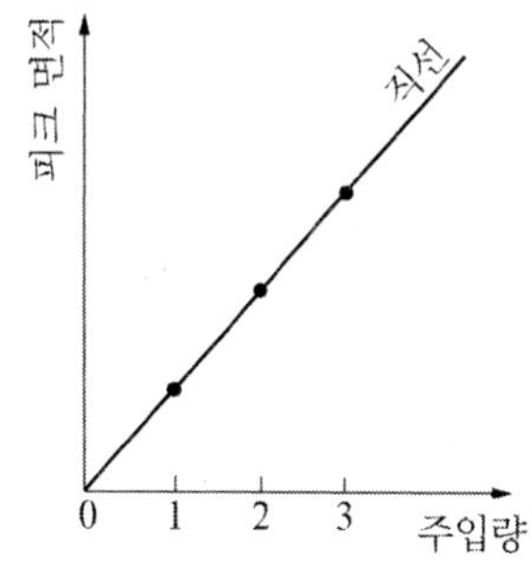

그림 4.39 검량선의 작성

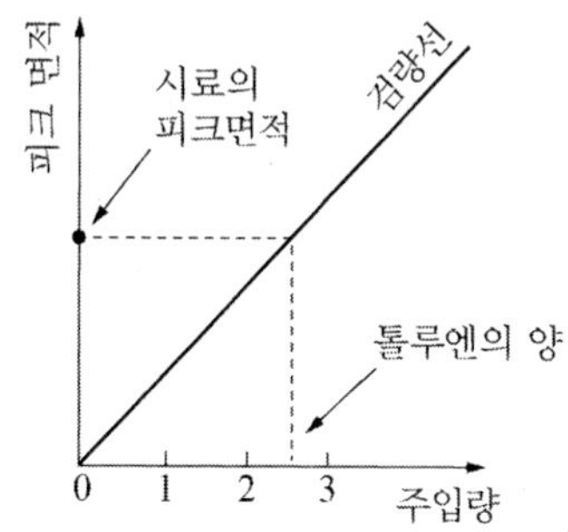

그림 4.40 검량선의 이용

5. 고찰 방법

① 함유율은 시료조제 시의 용량으로 되었나?

② 그 원인은 무엇인가?

실험 9. 내부표준법에 의한 정량분석

1. 목적

에틸벤젠에 벤젠이 혼합되어 있다. 이 벤젠을 내부표준법으로 정량한다.

2. 준비

(1) 기구

가스크로마토그래프, 마이크로 주사기(10 μL), 샘플병, 메스피펫

(2) 약품

벤젠, 에틸벤젠, 톨루엔

3. 방법

(1) 장치의 설정

GC를 안정상태로 한다. 분석조건을 기록한다. 기록은 종료 전으로 돌아간다.

(2) 시료의 조제·측정

① 시약병에서 에틸벤젠 2 mL, 벤젠 1 mL를 샘플병에 취하고 잘 혼합한다. 이것을 정량하고 싶은 시료로 한다.

② 시료 3 μL 를 GC에 주입한다.

③ 시약병에서 톨루엔 1 mL을 샘플병에 취하고 3 μL를 GC에 주입한다. 정량하고 싶은 벤젠과 톨루엔의 피크가 근접되었는가를 확인한다. 톨루엔이 다른 피크와 중복되지 않았는지를 확인한다. 가능하면 톨루엔을 내부표준물질로 한다.

④ 벤젠 : 톨루엔의 용량비를 1 : 1, 2 : 1, 3 : 1로 혼합물을 만들어 GC에 주입한다. 톨루엔의 피크 크기가 같게 될 때까지 주입량을 가감한다.

⑤ 시료 : 톨루엔의 용량비를 4 : 1로 된 혼합물을 샘플병에 취하여 주입한다.

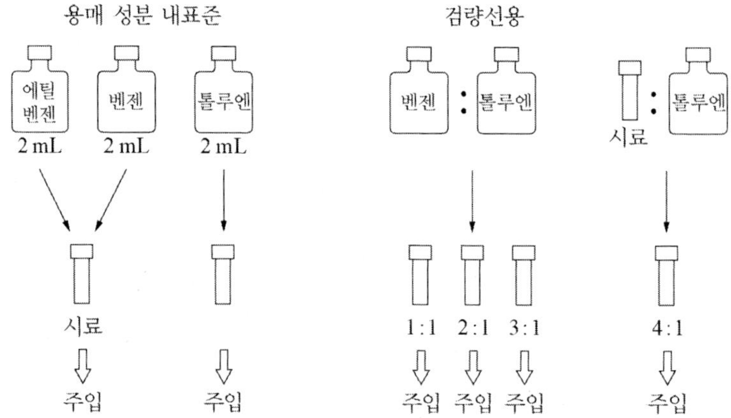

그림 4.41 실험 조작

4. 결과의 정리

(1) 예비지식

내부표준물질로 하는 물질은

① 정량하고 싶은 물질과 피크가 근접되어 있을 것

② 시료에 함유되어 있는 다른 피크와 중복되지 않을 것

③ 안정되어 있을 것 등의 조건이 필요하다.

(2) 결과의 정리법

① 실험조건의 기술

② 각 피크의 피크 면적을 잰다.

③ 벤젠: 톨루엔(1:1, 2:1, 3:1)의 벤젠 ÷ 톨루엔 용량비를 횡축에 벤젠 ÷ 톨루엔의 면적비를 종축으로 하여 검량선을 작성한다.

④ 시료에 톨루엔을 가한 크로마토그램에서 벤젠 ÷ 톨루엔의 피크 면적비를 계산해 낸다.

⑤ 검량선에 맞추어 벤젠 ÷ 톨루엔의 용량비를 계산한다.

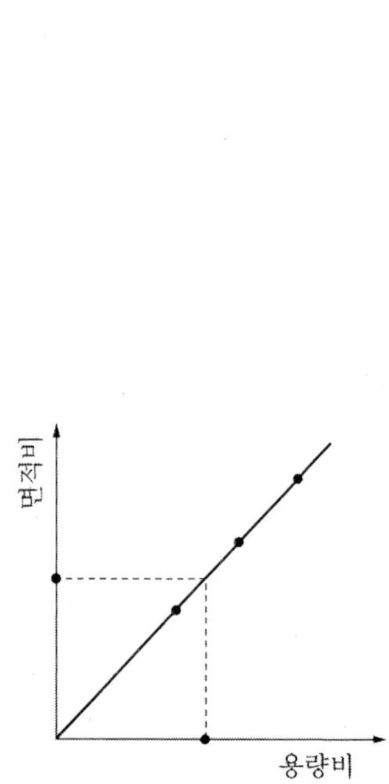

그림 4.42 검량선의 작성과 이용

⑥ 시료중의 함유율을 계산한다.

$$\text{함유율} = \frac{\text{벤젠} \div \text{톨루엔의 용량비} \times \text{시료에 가한 내부표준물질의 용량}}{\text{시료의 용량}}$$

5. 고찰방법

① 함유율은 시료조제 시의 용량으로 되었는가? 그 원인은 무엇인가?

② 다른 정량방법과 비교하여 어떤가?

크로마토그램의 정리

다음 사항을 정리·기재한다.

- 연월일
- 측정자명
- 크로마토그래프의 메이커 명, 형식번호
- 데이타 처리장치의 메이커 명, 형식번호
- 검출기의 종류, 조작조건
- 시료명, 시료도입량(μL 또는 mL)
- 이동상 GC : 운반가스의 종류, 유량(mL/min), 컬럼 입구압력(kPa)
  LC : 용리액의 종류, 유량(mL/min), 컬럼 입구압력(Pa)
- 컬럼의 형식명이나 충전제의 종류 외 …
- 컬럼용 관의 재질, 내경(mm), 길이(m)
- 온도조건 GC : 컬럼조, 시료기화실, 검출기조
  LC : 컬럼온도나 실온
- 분석법 GC : 승온법의 분석조건
  LC : Gradient법의 분석조건
- 종축눈금, 횡축눈금
- 기타, 데이타 처리조건 등의 필요사항

부록

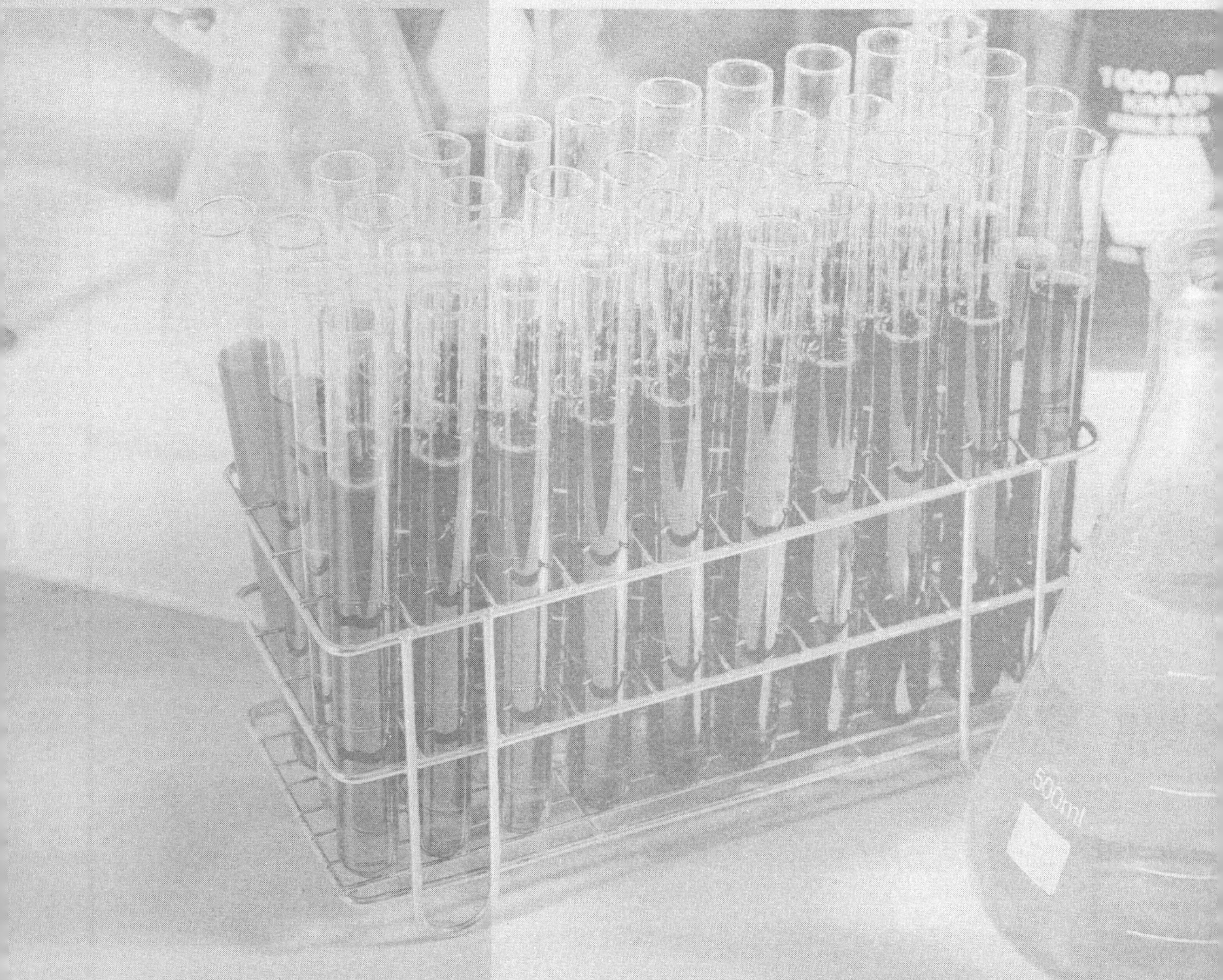

부록 A. 원소의 원자량 및 명명법

원자번호	국어명	영어명	기호	원자량	원자번호	국어명	영어명	기호	원자량
1	수소	Hydrogen	H	1.008	31	갈륨	Gallium	Ga	69.72
2	헬륨	Helium	He	4.003	32	게르마늄	Germanium	Ge	72.59
3	리튬	Lithium	Li	6.941	33	비소	Arsenic	As	74.92
4	베릴륨	Beryllium	Be	9.012	34	셀레늄	Selenium	Se	78.96
5	붕소	Boron	B	10.81	35	브롬	Bromine	Br	79.90
6	탄소	Carbon	C	12.01	36	크립톤	Krypton	Kr	83.80
7	질소	Nitrogen	N	14.01	37	루비듐	Rubidium	Rb	85.47
8	산소	Oxygen	O	16.00	38	스트론튬	Strontium	Sr	87.62
9	플루오르	Fluorine	F	19.00	39	이트륨	Yttrium	Y	88.91
10	네온	Neon	Ne	20.18	40	지르코늄	Zirconium	Zr	91.22
11	나트륨	Sodium	Na	22.99	41	나이오븀	Niobium	Nb	92.91
12	마그네슘	Magnesium	Mg	24.31	42	몰리브덴	Molybdenum	Mo	95.94
13	알루미늄	Aluminium	Al	26.98	43	테크네튬	Technetium	Tc	(98)
14	규소	Silicon	Si	28.09	44	루테늄	Ruthenium	Ru	101.1
15	인	Phosphorus	P	30.97	45	로듐	Rhodium	Rh	102.9
16	황	Sulfur	S	32.06	46	팔라듐	Palladium	Pd	106.4
17	염소	Chlorine	Cl	35.45	47	은	Silver	Ag	107.9
18	아르곤	Argon	Ar	39.95	48	카드뮴	Cadmium	Cd	112.4
19	칼륨	Potassium	K	39.10	49	인듐	Indium	In	114.8
20	칼슘	Calcium	Ca	40.08	50	주석	Tin	Sn	118.7
21	스칸듐	Scandium	Sc	44.96	51	안티몬	Antimony	Sb	121.8
22	티탄	Titanium	Ti	47.90	52	테루륨	Tellurium	Te	127.6
23	바나듐	Vanadium	V	50.94	53	요오드	Iodine	I	126.9
24	크롬	Chromium	Cr	52.00	54	크세논	Xenon	Xe	131.3
25	망간	Manganese	Mn	54.94	55	세슘	Cesium	Cs	132.9
26	철	Iron	Fe	55.85	56	바륨	Barium	Ba	137.3
27	코발트	Cobalt	Co	58.93	57	라탄	Lanthanum	La	138.9
28	니켈	Nickel	Ni	58.70	58	세륨	Cerium	Ce	140.1
29	구리	Copper	Cu	63.55	59	프라세오디뮴	Praseodymium	Pr	140.9
30	아연	Zinc	Zn	65.38	60	네오디뮴	Neodymium	Nd	144.2

원자번호	국어명	영어명	기호	원자량	원자번호	국어명	영어명	기호	원자량
61	프로메튬	Promethium	Pm	(145)	83	비스무트	Bismuth	Bi	209.0
62	사마륨	Samarium	Sm	150.4	84	폴로늄	Polonium	Po	(209)
63	유로퓸	Europium	Eu	152.0	85	아스타틴	Astatine	At	(210)
64	가돌리늄	Gadolinium	Gd	157.3	86	라돈	Radon	Rn	(222)
65	테르븀	Terbium	Tb	158.9	87	프랑슘	Francium	Fr	(223)
66	디스프로슘	Dysprosium	Dy	162.5	88	라듐	Radium	Ra	226.0
67	홀뮴	Holmium	Ho	164.9	89	악티늄	Actinium	Ac	227.0
68	에르븀	Erbium	Er	167.3	90	토륨	Thorium	Th	232.0
69	톨륨	Thulium	Tm	168.9	91	프로트악티늄	Protactinium	Pa	231.0
70	이테르븀	Ytterbium	Yb	173.0	92	우라늄	Uranium	U	238.0
71	루테튬	Lutetium	Lu	175.0	93	넵투늄	Neptunium	Np	(237)
72	하프늄	Hafnium	Hf	178.5	94	플루토늄	Plutonium	Pu	(244)
73	탄탈럼	Tantalum	Ta	180.9	95	아메리슘	Americium	Am	(243)
74	텅스텐	Tungsten	W	183.9	96	퀴륨	Curium	Cm	(247)
75	레늄	Rhenium	Re	186.2	97	버클륨	Berkelium	Bf	(247)
76	오스뮴	Osmium	Os	190.2	98	캘리포늄	Californium	Cf	(251)
77	이리듐	Iridium	Ir	192.2	99	아인슈타이늄	Einsteinium	Es	(252)
78	백금	Platinum	Pt	195.1	100	페르뮴	Fermium	Fm	(257)
79	금	Gold	Au	197.0	101	멘델레븀	Mendelevium	Md	(268)
80	수은	Mercury	Hg	200.6	102	노벨륨	Nobelium	No	(259)
81	탈륨	Thallium	Tl	204.4	103	로렌슘	Lawrencium	Lw	(260)
82	납	Lead	Pb	207.2					

※ 괄호 속의 값은 가장 안전하고 잘 알려진 동위원소의 질량수

부록 B. 원소 주기율표

1. 원소의 주기율

(1) 주기율

원소를 원자 번호순으로 배열하면 성질이 비슷한 원소가 주기적으로 나타내는 성질

(2) 멘델레예프(Mendeleev)의 주기율표

원소를 원자량 순으로 배열한 주기율표

(3) 모즐리(Moseley)의 주기율표

원소를 원자 번호순으로 배열한 주기율표(현재 사용)

2. 주기율표

주기율에 따라 원소를 배열한 표

(1) 족(group)

주기율표의 세로줄을 족(group)이라 하며, 1족부터 7족까지와 0족이 있다.

① 족(group)은 최외각 전자(가전자)를 결정

② 같은 족의 원소를 동족 원소(동족 원소는 가전자 수가 같기 때문에 화학적 성질이 비슷)

(2) 주기(period)

주기율표의 가로 줄을 주기(period)라 하며 1~7주기가 있으며, 전자 껍질을 결정

① 단주기형 주기표: 2주기와 3주기의 8개의 원소를 기준으로 만든 것

② 장주기형 주기표: 4주기와 5주기의 18개의 원소를 기준으로 만든 것

3. 전형 원소와 전이 원소

(1) 전형 원소

① 전자 배열에서 s나 p오비탈에서 전자가 채워지는 원소(1A, 2A족, 3B~7B족, 0족 원소)

② 원자 번호 1~20번까지의 원소와 1~3주기의 원소

③ 전형 원소의 같은 족의 원자들을 가전자 수 (최외각 전자)가 같아 화학적 성질이 비슷

(2) 전이 원소

① 전자 배열에서 s 오비탈을 채우고 d나 f 오비탈에 전자가 채워지는 원소(3A~7A족, 8족, 1B, 2B족 원소)

② 전이 원소의 특징

- 착염을 잘 만들어 색이 있는 화합물을 만든다.
- 활성이 적어 공업적으로 촉매로 많이 사용한다.
- 두 종류 이상의 이온 원자를 가진다.

예) $FeCl_2$(염화 제1철)과 $FeCl_3$(염화 제2철)

Hg_2Cl_2(염화 제1수은)과 $HgCl_2$(염화 제2수은)

화학원소 주기율표

번호	기호
원자량 한글이름	

1A	2A	3A4A5A6A7A81B2B										3B4B5B6B7B					8B
1 H 1.008 수소																	2 He 4.003 헬륨
3 Li 6.941 리튬	4 Be 9.012 베릴륨											5 B 10.81 붕소	6 C 12.01 탄소	7 N 14.01 질소	8 O 16.00 산소	9 F 19.00 플루오르	10 Ne 20.18 네온
11 Na 22.99 나트륨	12 Mg 24.31 마그네슘											13 Al 26.98 알루미늄	14 Si 28.09 규소	15 P 30.97 인	16 S 32.06 황	17 Cl 35.45 염소	18 Ar 39.95 아르곤
19 K 39.10 칼륨	20 Ca 40.08 칼슘	21 Sc 44.96 스칸듐	22 Ti 47.90 티탄	23 V 50.94 바나듐	24 Cr 52.00 크로뮴	25 Mn 54.94 망간	26 Fe 55.85 철	27 Co 58.93 코발트	28 Ni 58.70 니켈	29 Cu 63.55 구리	30 Zn 65.38 아연	31 Ga 69.72 갈륨	32 Ge 72.59 게르마늄	33 As 74.92 비소	34 Se 78.96 셀레늄	35 Br 79.90 브롬	36 Kr 83.80 크립톤
37 Rb 85.47 루비듐	38 Sr 87.62 스트론튬	39 Y 88.91 이트륨	40 Zr 91.22 지르코늄	41 Nb 92.91 나이오븀	42 Mo 95.94 몰리브덴	43 Tc (98) 테크네튬	44 Ru 101.1 루테늄	45 Rh 102.9 로듐	46 Pd 106.4 팔라듐	47 Ag 107.9 은	48 Cd 112.4 카드뮴	49 In 114.8 인듐	50 Sn 118.7 주석	51 Sb 121.8 안티몬	52 Te 127.6 텔루륨	53 I 126.9 요오드	54 Xe 131.3 제논
55 Cs 132.9 세슘	56 Ba 137.3 바륨	57 La 138.9 라탄	72 Hf 178.5 하프늄	73 Ta 180.9 탄탈럼	74 W 183.9 텅스텐	75 Re 186.2 레늄	76 Os 190.2 오스뮴	77 Ir 192.2 이리듐	78 Pt 195.1 백금	79 Au 197.0 금	80 Hg 200.6 수은	81 Ti 204.4 탈륨	82 Pb 207.2 납	83 Bi 209.0 비스무트	84 Po (209) 폴로늄	85 At (210) 아스타틴	86 Rn (222) 라돈
87 Fr (223) 프랑슘	88 Ra 226.0 라듐	89 Ac 227.0 악티늄															

A : 고체원소　　A : 기체원소　　A : 액체원소　　A : 합성원소

란탄계열	58 Ce 140.1 세륨	59 Pr 140.9 프라세오디뮴	60 Nd 144.2 네오디뮴	61 PM (145) 프로메튬	62 Sm 150.4 사마륨	63 Eu 152.0 유로퓸	64 Gd 157.3 가돌리늄	65 Tb 158.9 테르븀	66 Dy 162.5 디스프로슘	67 Ho 164.9 홀뮴	68 Er 167.3 에르븀	69 Tm 168.9 툴륨	70 Yb 173.0 이테르븀	71 Lu 175.0 루테튬
악티늄계열	90 Th 232.0 토륨	91 Pa 231.0 프로트악티늄	92 U 238.0 우라늄	93 Np (237.0) 넵투늄	94 Pu (244) 플루토늄	95 Am (243) 아메리슘	96 Cm (247) 퀴륨	97 Bk (247) 버클륨	98 Cf (251) 캘리포늄	99 Es (252) 아인슈타이늄	100 Fm (257) 페르뮴	101 Md (268) 멘델레븀	102 No (259) 노벨륨	103 Lw (260) 로렌슘

부록 C. 각종기호

1. 그리스 문자

대문자	소문자	호칭	대문자	소문자	호칭
Α	α	Alpha(알파)	Ν	ν	Nu(뉴우)
Β	β	Beta(베타)	Ξ	ξ	Xi(크사이)
Γ	γ	Gamma(감마)	Ο	o	Omicron(오미크론)
Δ	δ	Delta(델타)	Π	π	Pi(파이)
Ε	ε	Epsilon(엡시론)	Ρ	ρ	Rho(로오)
Ζ	ζ	Zeta(제타)	Σ	σ	Sigma(시그마)
Η	η	Eta(이타)	Τ	τ	Tau(타우)
Θ	θ	Theta(세타)	Υ	υ	Upsilon(웁실론)
Ι	ι	Iota(이오타)	Φ	φ	Phi(화이)
Κ	κ	Kappa(카파)	Χ	χ	Chi(카이)
Λ	λ	Lambda(람다)	Ψ	ψ	Psi(프사이)
Μ	μ	Mu(뮤우)	Ω	ω	Omega(오메가)

2. 실용 접두어

수	호칭	수	호칭	수	호칭
1	mono(모노)	14	tetradeca(테트라데카)	31	hentriaconta(헨트리아콘타)
2	di(디)	15	pentadeca(펜타데카)	32	Dotriaconta(도트리아콘타)
3	tri(트리)	16	hexadeca(헥사데카)	33	tritriaconta(트리트리아콘타)
4	tetra(테트라)	17	heptadeca(헵타데카)	:	
5	penta(펜타)	18	octadeca(옥타데카)	:	
6	hexa(헥사)	19	nonadeca(노나데카)	40	tetraconta(테트라콘타)
7	hepta(헵타)	20	eicosa(에이코사)	50	pentaconta(펜타콘타)
8	octa(옥타)	21	heneicosa(헨에이코사)	:	
9	nona(노나)	22	doeicosa(도에이코사)	:	
10	deca(데카)	23	trieicosa(트리에이코사)	100	hecta(헥타)
11	hendeca(헨데카)	:		1/2	hemi(헤미)
12	dodeca(도데카)	:		3/2	Sesqui(세스퀴)
13	trideca(트리데카)	30	triaconta(트리아콘타)		

부록 D. 기본단위

1. 기본단위

(1) SI(Système International d'Unités의 약자) 기본단위

Quantity(or dimension)	SI unit	SI unit symbol
Base Quantity(or dimension)		
lengh	meter	m
mass	kilogram	kg
time	second	s
electric current	ampere	A
thermodynamic temperature	kelvin	K
amount of substance	mole	mol
luminous intensity	candela	cd
Supplementary quantity(or dimension)		
plane angle	radian	rad
soild angle	steradian	sr

(2) SI 상용단위

Quantity	Unit	Symbol	Formula
Frequency(of a periodic phenomenon)	hertz	Hz	s^{-1}
Force	newton	N	$kg\ m\ s^{-2}$
pressure, stress	pascal	Pa	$N\ m^{-2}$
Energy, work, quanity of heat	joule	J	N m
Power, radiant flux	watt	W	$J\ s^{-1}$
Quantity of electricity, electric charge	coulomb	C	A s
Electric potential, potential difference, electromotive force	volt	V	WA^{-1}
Capacitance	farad	F	CV^{-1}
Electric resistance	ohm	Ω	VA^{-1}
Conductance	siemens	S	AV^{-1}
Magnetic flux	weber	Wb	V s
Magnetic flux density	tesla	T	$Wb\ m^{-2}$
Inductance	henry	H	$Wb\ A^{-1}$
Luminous flux	lumen	lm	cd sr
Illuminance	lux	lx	$lm\ m^{-2}$
Activity(of radionuclides)	becquerel	Bq	s^{-1}
Absorbed dose	gray	Gy	$J\ kg^{-1}$

3. 단위의 명칭

(1) 길이(Length)

단위	호칭	단위관계
μm	micrometer	$10^{-6}\,m/\mu m$
cm	centimeter	$10^{-2}\,m/cm$
ft	feet(foot)	0.3048 m/ft
in	inch	0.0254 m/in
mi	mile	1,609.3 m/mi

(2) 면적(Area)

단위	호칭	단위관계
m^2	square meter	
cm^2	square centimeter	$10^{-4}\,m^2/cm^2$
ft^2	square feet(foot)	$0.0929\,m^2/ft^2$
in^2	square inch	$452\times10^{-4}\,m^2/in^2$

(3) 부피 및 용적단위(Volume)

단위	호칭	단위관계
m^3	cubic meter	
μl	micro liter	$10^{-9}\,m^3/\mu l$
ml	milli liter	$10^{-9}\,m^3/ml$
cm^3	cubic centimeter	$10^{-9}\,m^3/cm^3$
l	liter	$10^{-9}\,m^3/l$
kl	kilo liter	$1\,m^3/Kl$
ft^3	cubic feet(foot)	$0.02832\,m^3/ft^3$
in^3	cubic inch	$1.639\times10^{-5}m^3/in^3$

(4) 질량(質量; Mass)

단위	호칭	단위관계
μg	micro gram	$10^{-9}\,kg/\mu g$
mg	milli gram	$10^{-9}\,kg/mg$
g	gram	$10^{-9}\,kg/g$
gr	grain	$6.4799\times10^{-5}\,kg/g$
lb	pound	0.4536 kg/lb

(5) 점도(粘度; Viscosity)

단위	호칭	단위관계
kg/m · s	kilogram per meter second	
P(g/cm · s)	poise	0.1 kg/m · s/P
dyn · s/cm^2	dyn-second per square centimeter	0.1 kg/m · s/dyn · s/cm^2
cP(mg/mm · s)	centipoise	0.001 kg/m · s/cP
N · s/m^2	newton-second per square meter	1 kg/m · s/N · s/m^2
Pa · s	pascal-second	1 kg/m · s/Pa · s

(6) 동점도(Dynamic viscosity)

단위	호칭	단위관계
m^2/s	square meter per second	
St(cm^2/s)	stoke	10^{-4} m^2/s/St
cSt	centi stoke	10^{-6} m^2/s/cSt

(7) 압력(Pressure)

단위	호칭	단위관계
atm	atmospheric pressure	1 atm=0.9679at(공학기압)
mmHg	milli mercury	760 mmHg/atm
Torr		1 Torr=1mmHg
mmH_2O		10332 mmH_2O/atm
mmAq	milli aqua	1 mmAq=1 mmH_2O
kg/cm^2	killogram per square centimeter	1.0332 kg/cm^2/atm
kg/m^2	killogram per square meter	10332 kg/m^2/atm
PSI	pounds per square inch	14.7 PSI/atm
mb	milli bar	1013.25 mb/atm
Pa	pascal	1 Pa=0.01mb
N/m^2	newton per square meter	1 N/m^2=1 Pa

(8) 에너지(Energy)

단위	호칭	단위관계
kcal	4.187 KJ/kcal	4.187 KJ/kcal
kWh	3600 kJ/kWh	3600 kJ/kWh
Btu	1.055 kJ/Btu	1.055 kJ/Btu
therm	105500 kJ/therm	105500 kJ/therm

(9) 동력(일률; Power)

단위	호칭	단위관계
kW	killo watt	102 kg · m/s/kW
W	watt	10^{-3} kW/W (0.239 cal/sec)
HP	Horse Power	0.7458 kW/HP(178.1 cal/sec)
PS	Pferde stärke	0.7355 kW/PS(175.7 cal/sec)
ft · lb/s	feet · pound per second	1.3558 W/ft · lb/s
kg · m/s	killogram · meter per second	9.8067 W/kg · m/s

4. 단위의 환산

길이	체적
1 m=100 cm=10^6 μm=3.2808 ft=39.37 in. 1 μm=1 micron 1 in.=2.540 cm=0.02540 m 1 Å (Angstrom)=10^{-10} m=10 nm 1 mile=5280 ft	1 m^3=10^6 cm^3=10^3 ℓ (liter) =264.17 gal(U.S.)=35.316 ft^3 1 ft^3=28.317 ℓ =0.028317 m^3 =7.481 gal(U.S.) 1 gal(U.S.)=4 qt=3.7854 ℓ =3.7854×10^3 cm^3 =0.8327 gal(British)
질량	**밀도**
1 kg=1000 g=2.2046 lb_m 1 lb_m=16 oz=7000 grains=453.59 g = 0.45359 kg 1 ton(short)=2000 lb_m 1 ton(long)=2240 lb_m 1 ton(metric)=1000 kg	1 kg m^{-3}=10^{-3} g cm^{-3}=0.06243 lb_m ft^{-3} 1 g cm^{-3}=62.43 lb_m ft^{-3}=1000 kg m^{-3} =8.345 lb_m gal(U.S.)$^{-1}$ 1 lb_m ft^{-3}=16.0185 kg m^{-3}
압력	**점도**
1×10^5 N m^{-2}=1×10^5 Pa(Pascal)=1 bar 1 atm=1.01325×10^5 N m^{-2}=101.325 kPa =1.01325 bar=14.696 lb_f in.$^{-2}$(psi) =760 Torr=760 mmHg(0℃) =29.921 inHg(0℃) =33.90 ftH_2O(4℃) 1 N m^{-2}=1 kg m^{-1} s^{-2} =10 dyne cm^{-2}(g $cm^{-1}$$s^{-2}$) =9.8692×$10^{-6}$ atm	1 kg $m^{-1}$$s^{-1}$=1 N s m^{-2} =1 Pa s=1000 cP =10 P(poise)=0.67197 lb_m ft^{-1} s^{-1} 1 cP=10^{-2} g cm^{-1} s^{-1}(poise) =10^{-3} kg m^{-1} s^{-1}=2.4191 lb_m ft^{-1} h^{-1} =6.7197×10^{-4} lb_m ft^{-1} s^{-1} =2.0886×10^{-5} lb_f s ft^{-2} 1 lb_m ft^{-1} s^{-1}=14.882 P =1.4882 kg m^{-1} s^{-1} =3.1081×10^{-2} lb_f s ft^{-2}

일·에너지	열용량
1 J=1 N m=1 kg m^2 s^{-2}=0.23901 cal =10^7 g cm^2 s^{-2}(erg)=23.730 lb_m ft^2 s^{-2} =0.73756 ft lb_f=9.4783×10^{-4} Btu =3.7251×10^{-7} hp h=2.7778×10^{-7} kWh 1 Btu=1.05506 kJ =252.16 cal(thermochemical) =778.16 ft lb_f =3.9301×10^{-4} hp h =2.9307×10^{-4} kWh 1 cal=4.1840 J=3.9657×10^{-3} Btu =1.1622×10^{-6} kWh 1 ft lb_f=1.3558 J=0.32405 cal =1.2851×10^{-3} Btu 1 hp h=0.7457 kWh=2544.5 Btu =6.4162×10^5 cal =1.9800×10^6 ft lb_f	1 cal(IT)g^{-1} $°C^{-1}$=1 cal(IT) g^{-1} k^{-1} =4.184 kJ kg^{-1} k^{-1} =1 Btu lb_m^{-1} $°F^{-1}$ =1 Btu lb_m^{-1} R^{-1} 1 cal(IT)mol^{-1} $°C^{-1}$=1 cal(IT)mol^{-1} K^{-1} =4.184 kJ $kmol^{-1}$ K^{-1} =1 Btu $lbmol^{-1}$ $°F^{-1}$ =1 Btu $lbmol^{-1}$ R^{-1}

힘(Force)	힘(Power)
1 kg m s^{-2}=1 N=10^5 dyne(g cm s^{-2}) =7.2330 poundals(lb_m ft s^{-2}) =0.22481 lb_f 1 lb_f=4.4482 N	1 W=1 J s^{-1}=0.23901 cal s^{-1} =14.340 cal min^{-1}=3.4122 Btu h^{-1} 1 hp=550 ft lb_f s^{-1}=745.70 W =0.7068 Btu s^{-1} 1 Btu h^{-1}=0.29307 W

부록 E. 표준환원전위표

반반응	$E°$ (V)
$F_2(g) + 2H^+ + 2e \rightleftharpoons 2HF(aq)$	3.06
$O_3(g) + 2H^+ + 2e \rightleftharpoons O_2(g) + H_2O$	2.07
$S_2O_8^{2-} + 2e \rightleftharpoons 2SO_4^{2-}$	2.01
$CO^{3+} + e \rightleftharpoons CO^{2+}$	1.842
$H_2O_2 + 2H^+ + 2e \rightleftharpoons 2H_2O$	1.77
$MnO_4^- + 4H^+ + 3e \rightleftharpoons MnO_2(s) + 2H_2O$	1.695
$Ce^{4+} + e \rightleftharpoons Ce^{3+}$	1.61
$HClO + H^+ + e \rightleftharpoons 1/2Cl_2(g) + H_2O$	1.63
$H_5IO_6 + H^+ + 2e \rightleftharpoons IO_3^- + 3H_2O$	1.6
$BrO + 6H^+ + 5e \rightleftharpoons 1/2Br(l) + 3H_2O$	1.52
$MnO_4^- + 8H^+ + 5e \rightleftharpoons Mn^{2+} + 4H_2O$	1.50
$Mn^{3+} + e \rightleftharpoons Mn^{2+}$	-
$ClO_3^- + 6H^+ + 5e \rightleftharpoons 1/2Cl(g) + 3H_2O$	1.47
$PbO_2 + 4H^+ + 2e \rightleftharpoons Pb^{2+} + 2H_2O$	1.455
$Cl_2(g) + 2e \rightleftharpoons 2Cl^-$	1.359
$Cr_2O_7^2 + 14H^+ + 6e \rightleftharpoons 2Cr^{3+} + 7H_2O$	1.33
$Tl^{3+} + 2e \rightleftharpoons Tl^+$	1.25
$IO_3^- + 2Cl^- + 6H^+ + 4e \rightleftharpoons ICl_2^- + 3H_2O$	1.24
$MnO_2(s) + 4H^+ + 2e \rightleftharpoons Mn^{2+} + 2H_2O$	1.23
$O_2(g) + 4H^+ + 4e \rightleftharpoons 2H_2O$	1.229
$IO_3^- + 6H^+ + 5e \rightleftharpoons 1/2I_2(s) + 3H_2O$	1.195
$IO_3^- + 6H^+ + 5e \rightleftharpoons 1/2I_2(aq) + 3H_2O$	1.178
$SeO_4^{2-} + 4H^+ + 2e \rightleftharpoons H_2SeO_3 + H_2O$	1.15
$Br_2(l) + 2e \rightleftharpoons 2Br^-$	1.065
$Br_2(aq) + 2e \rightleftharpoons 2Br^-$	1.087
$ICl_2^- + e \rightleftharpoons 1/2I_2(s) + 2Cl$	1.06
$V(OH)_4^+ + 2H^+ + e \rightleftharpoons VO^{2+} + 3H_2O$	1.00
$HN_2 + H^+ + e \rightleftharpoons NO(g) + 2H_2O$	1.00
$Pd^{2+} + 2e \rightleftharpoons Pd(s)$	0.987
$NO_3^- + 3H^+ + 2e \rightleftharpoons HNO_2 + H_2O$	0.94
$2Hg^{2+} + 2e \rightleftharpoons Hg^{2+}$	0.920
$HO_2^- + H_2O + 2e \rightleftharpoons 3OH^-$	0.88
$Cu^{2+} + I^- + e \rightleftharpoons CuI(s)$	0.86
$Hg^{2+} + 2e \rightleftharpoons Hg(l)$	0.854
$Ag^+ + e \rightleftharpoons Ag(s)$	0.799
$Hg^{2+} + 2e \rightleftharpoons 2Hg(l)$	0.789
$Fe^{3+} + e \rightleftharpoons Fe^{2+}$	0.75

반반응	$E°$ (V)
$Hg^{2+} + 2e \rightleftharpoons 2Hg(l)$	0.789
$Fe^{3+} + e \rightleftharpoons Fe^{2+}$	0.75
$H_2SeO_3 + 4H^+ + 4e \rightleftharpoons Se(s) + 3H_2O$	0.740
$PtCl_4^{2-} + 2e \rightleftharpoons Pt(s) + 4Cl^-$	0.73
$C_6H_4O_2(\text{quinone}) + 2H^+ + 2e \rightleftharpoons C_6H_4(OH)_2$	0.699
$O_2(g) + 2H^+ + 2e \rightleftharpoons H_2O_2$	0.682
$PtCl_6^{2-} + 2e \rightleftharpoons PtCl_4^{2-} + 2Cl$	0.68
$Hg_2SO_4(s) + 2e \rightleftharpoons 2Hg(l) + SO_4^{2-}$	0.615
$Sb_2O_5(s) + 6H^+ + 4e \rightleftharpoons 2SbO^+ + 3H_2O$	0.581
$MnO_4^- + e \rightleftharpoons MnO_4^{2-}$	0.564
$H_3AsO_4 + 2H^+ + 2e \rightleftharpoons H_3AsO_3 + H_2O$	0.559
$I_3^- + 2e \rightleftharpoons 3I^-$	0.536
$I_2(s) + 2e \rightleftharpoons 2I^-$	0.5355
$I_2(aq) + 2e \rightleftharpoons 2I^-$	0.620
$Cu^+ + e \rightleftharpoons Cu(s)$	0.521
$H_2SO_3 + 4H^+ + 4e \rightleftharpoons S(s) + 3H_2O$	0.45
$Ag_2CrO_4(s) + 2e \rightleftharpoons 2Ag(s) + CrO_4^{2-}$	0.446
$VO^{2+} + 2H^+ + e \rightleftharpoons V^{3+} + 3H_2O$	0.361
$Fe(CN)_6^{3-} + e \rightleftharpoons Fe(CN)_6^{4-}$	0.36
$Cu^{2+} + 2e \rightleftharpoons Cu(s)$	0.337
$UO_2^{2+} + 4H^+ + 2e \rightleftharpoons U^{4+} + 2H_2O$	0.334
$BiO^+ + 2H^+ + 3e \rightleftharpoons Bi(s) + H_2O$	0.32
$Hg_2Cl_2(s) + 2e \rightleftharpoons 2Hg(l) + 2Cl$	0.268
$AgCl(s) + e \rightleftharpoons Ag(s) + Cl^-$	0.222
$SO_4^{2-} + 4H^+ + 2e \rightleftharpoons H_2SO_3 + H_2O$	0.17
$BiCl_4 + 3e \rightleftharpoons Bi(s) + 4Cl^-$	0.16
$Sn^{4+} + 2e \rightleftharpoons Sn^{2+}$	0.15
$Cu^{2+} + e \rightleftharpoons Cu^+$	0.15
$S(s) + 2H^+ + 2e \rightleftharpoons H_2S(g)$	0.141
$TiO^{2+} + 2H^+ + e \rightleftharpoons Ti^{3+} + H_2O$	0.1
$AgBr(s) + e \rightleftharpoons Ag(s) + Br^-$	0.095
$S_4O_6^{2-} + 2e \rightleftharpoons 2S_2O_3^{2-}$	0.08
$Ag(S_2O_3)_2^{3-} + e \rightleftharpoons Ag(s) + 2S_2O_3^{2-}$	0.01
$2H^+ + 2e \rightleftharpoons H_2(g)$	0.000
$Pb^{2+} + 2e \rightleftharpoons Pb(s)$	0.126
$Sn^{2+} + 2e \rightleftharpoons Sn(s)$	0.136
$AgI(s) + e \rightleftharpoons Ag(s) + I^-$	0.151
$CuI(s) + e \rightleftharpoons Cu(s) + I^-$	0.195
$N_2(g) + 5H^+ + 4e \rightleftharpoons N_2H^{5+}$	0.23
$Ni^{2+} + 2e \rightleftharpoons Ni(s)$	0.250

반반응	$E°$ (V)
$V^{3+} + e \rightleftharpoons V^{2+}$	0.255
$CO^{2+} + 2e \rightleftharpoons Co(s)$	0.277
$Ag(CN)_2^{-} + e \rightleftharpoons Ag(s) + 2CN^{-}$	0.31
$Tl^{+} + e \rightleftharpoons Tl(s)$	0.336
$PbSO_4(s) + 2e \rightleftharpoons Pb(s) + SO_4^{-}$	0.356
$Ti^{3+} + e \rightleftharpoons Ti^{2+}$	−0.37
$Cd^{2+} + 2e \rightleftharpoons Cd(s)$	−0.403
$Cr^{3+} + e \rightleftharpoons Cr^{2+}$	−0.41
$Fe^{2+} + 2e \rightleftharpoons Fe(s)$	−0.440
$2CO_2(g) + 2H^{+} + 2e \rightleftharpoons H_2C_2O_4$	−0.49
$Cr^{3+} + 3e \rightleftharpoons Cr(s)$	−0.74
$Zn^{2+} + 2e \rightleftharpoons Zn(s)$	−0.763
$Mn^{2+} + 2e \rightleftharpoons Mn(s)$	−1.18
$Al^{3+} + 3e \rightleftharpoons Al(s)$	−1.66
$Mg^{2+} + 2e \rightleftharpoons Mg(s)$	−2.37
$Na^{+} + e \rightleftharpoons Na(s)$	−2.714
$Ca^{2+} + 2e \rightleftharpoons Ca(s)$	−2.87
$Ba^{2+} + 2e \rightleftharpoons Ba(s)$	−2.90
$K^{+} + e \rightleftharpoons K(s)$	−2.925
$Li^{+} + e \rightleftharpoons Li(s)$	−3.045

| 저자 소개 |

김미나

- 한국산업기술대학교 대학원 공학박사
- 현) 장안대학교 환경보건과 겸임교수
- 현) 한국산업기술대학교 생명화학공학과 겸임교수
- 현) 경기과학기술대학교 화공환경과 겸임교수

이승길

- 고려대학교 대학원 보건학박사
- 현) 장안대학교 환경보건과 전임교수
- 전) 순천제일대학교 산업안전관리과 전임교수
- 전) 고려대학교 의과대학 연구교수

환경화학 및 실험

1판 1쇄 발행 2021년 6월 15일

저자 김미나 · 이승길
발행인 서철종
발행처 도서출판 지우북스
주소 경기도 파주시 문발로 115 세종출판벤처타운 209호
전화 031-915-6670(代)
팩스 031-915-6671
이메일 jwbooks@nate.com
홈페이지 www.jwbooks.co.kr
출판등록 제406-251002017-000032호
ISBN 979-11-88673-78-0 93530

정가 18,000원